图灵教育

站在巨人的肩上

Standing on the Shoulders of Giants

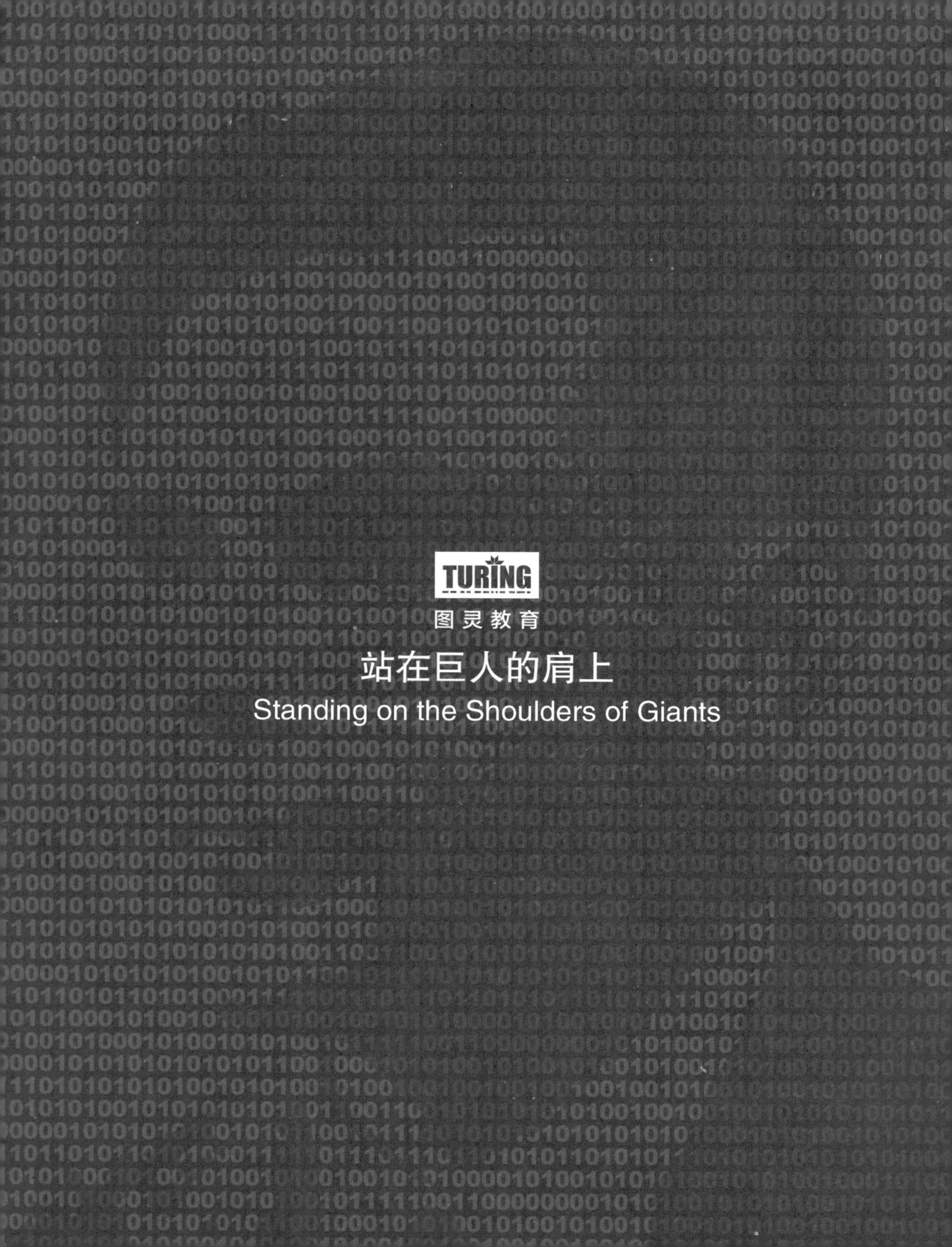
TURING
图灵教育
站在巨人的肩上
Standing on the Shoulders of Giants

TURING 图灵程序设计丛书

Apress®

Objective-C 高级编程

iOS与OS X多线程和内存管理

【日】Kazuki Sakamoto　Tomohiko Furumoto 著
黎华 译

人民邮电出版社
北　京

图书在版编目 (CIP) 数据

Objective-C 高级编程 : iOS 与 OS X 多线程和内存管理 / (日) 坂本一树 , (日) 古本智彦著 ; 黎华译 . -- 北京 : 人民邮电出版社 , 2013.6（2022. 2重印）

（图灵程序设计丛书）

书名原文 : Pro multithreading and memory management for iOS and OS X

ISBN 978-7-115-31809-1

Ⅰ. ① O… Ⅱ. ①坂… ②古… ③黎… Ⅲ. ① C 语言—程序设计 Ⅳ. ① TP312

中国版本图书馆 CIP 数据核字（2013）第 095069 号

Original English language edition, entitled *Pro Multithreading and Memory Management for iOS and OS X* by By Kazuki Sakamoto, Tomohiko Furumoto, published by Apress, 2855 Telegraph Avenue, Suite 600, Berkeley, CA 94705 USA.

内 容 提 要

本书在苹果公司公开的源代码基础上，深入剖析了对应用于内存管理的 ARC 以及应用于多线程开发的 Blocks 和 GCD。这些新技术看似简单，实则非常容易成为技术开发的陷阱，开发者仅靠阅读苹果公司的文档是不够的。

本书适合有一定基础的 iOS 开发者阅读。

◆ 著　　　　[日] Kazuki Sakamoto, Tomohiko Furumoto
译　　　　黎　华
责任编辑　乐　馨
执行编辑　金松月
责任印制　焦志炜

◆ 人民邮电出版社出版发行　北京市丰台区成寿寺路 11 号
邮编　100164　　电子邮件　315@ptpress.com.cn
网址　http://www.ptpress.com.cn
北京七彩京通数码快印有限公司印刷

◆ 开本：800×1000　1/16
印张：12　　　　　　　2013 年 6 月第 1 版
字数：284 千字　　　　2022 年 2 月北京第 28 次印刷

著作权合同登记号　图字：01-2012-4467 号

定价：49.00 元

读者服务热线：(010) 84084456-6009 印装质量热线：(010) 81055316

反盗版热线：(010) 81055315

广告经营许可证：京东市监广登字20170147号

序

本书旨在解说 iOS 与 OS X 中的 ARC、Blocks 和 Grand Central Dispatch（GCD）。

与一般讲解书略有不同，这是一本“非常深奥的书”，内容涉及

- iOS 5、OS X Lion 引入的新的内存管理技术 ARC；
- iOS 4、OS X Snow Leopard 引入的多线程应用技术 Blocks 和 GCD。

这些新技术在面向 iOS 5、OS X Lion 应用开发时不可或缺。它们看似简单，但若无深入了解，就会变成技术开发的陷阱。本书在苹果公司公开的源代码基础上加以解说，深入剖析，这些内容是仅靠阅读苹果公司的参考文档而难以企及的。

读者对象

- 熟悉 C/C++ 但不熟悉 Objective-C 的读者。
- 想知道 Objective-C 源代码究竟是如何运行的读者。
- iOS 或者 Mac 应用开发者（初学者以上水平、想进一步深入学习）。

致谢

在此向爽快接受紧急销售任务的达人出版会高桥先生、Impress Japan 公司的畑中先生、赋予我编写机会的畑先生、百忙中进行排版制作的井田先生，以及提出中肯建议的 Samuli 先生和野崎先生一并致谢。

感谢主动承担翻译工作并提供全方位帮助的古本先生。

“我一直想拥有和控制我们所做的主要技术。”

——史蒂夫·乔布斯

没有您的热情和技术，不可能有这本书。感谢您，愿您安息。

特别提示

为了确保译文的准确性，本书直接翻译自日文版『エキスパート Objective-C プログラミング: iOS/OS X のメモリ管理とマルチスレッド』（インプレスジャパン），并采用的日文版的编排方式。特此说明 。

图灵公司感谢何文祥、朱星垠的审读。

目录 Contents

第1章

自动引用计数

本章主要介绍从 OS X Lion 和 iOS 5 引入的内存管理新功能——自动引用计数。让我们在复习 Objective-C 的内存管理的同时，来详细了解这项新功能会带来怎样的变化。

1

1.1　什么是自动引用计数

顾名思义，自动引用计数（ARC，Automatic Reference Counting）是指内存管理中对引用采取自动计数的技术。以下摘自苹果的官方说明。

> 在 Objective-C 中采用 Automatic Reference Counting（ARC）机制，让编译器来进行内存管理。在新一代 Apple LLVM 编译器中设置 ARC 为有效状态，就无需再次键入 retain 或者 release 代码，这在降低程序崩溃、内存泄漏等风险的同时，很大程度上减少了开发程序的工作量。编译器完全清楚目标对象，并能立刻释放那些不再被使用的对象。如此一来，应用程序将具有可预测性，且能流畅运行，速度也将大幅提升。①

这些优点无疑极具吸引力，但关于 ARC 技术，最重要的还是下面这一点：

“在 LLVM 编译器中设置 ARC 为有效状态，就无需再次键入 retain 或者是 release 代码。”

换言之，若满足以下条件，就无需手工输入 retain 和 release 代码了。

- 使用 Xcode 4.2 或以上版本。
- 使用 LLVM 编译器 3.0 或以上版本。
- 编译器选项中设置 ARC 为有效。

在以上条件下编译源代码时，编译器将自动进行内存管理，这正是每个程序员都梦寐以求的。在正式讲解精彩的 ARC 技术之前，我们先来了解一下，在此之前，程序员在代码中是如何手工进行内存管理的。

1.2　内存管理 / 引用计数

1.2.1　概要

Objective-C 中的内存管理，也就是引用计数。可以用开关房间的灯为例来说明引用计数的机制，如图 1-1 所示。

① 引自 http://developer.apple.com/jp/technologies/ios5。

图 1-1　办公室照明

假设办公室里的照明设备只有一个。上班进入办公室的人需要照明，所以要把灯打开。而对于下班离开办公室的人来说，已经不需要照明了，所以要把灯关掉。若是很多人上下班，每个人都开灯或是关灯，那么办公室的情况又将如何呢？最早下班离开的人如果关了灯，那就会像图 1-2 那样，办公室里还没走的所有人都将处于一片黑暗之中。

图 1-2　办公室里的照明问题

解决这一问题的办法是使办公室在还有至少 1 人的情况下保持开灯状态，而在无人时保持关灯状态。

（1）最早进入办公室的人开灯。

（2）之后进入办公室的人，需要照明。

（3）下班离开办公室的人，不需要照明。

（4）最后离开办公室的人关灯（此时已无人需要照明）。

为判断是否还有人在办公室里，这里导入计数功能来计算“需要照明的人数”。下面让我们来看看这一功能是如何运作的吧。

（1）第一个人进入办公室，“需要照明的人数”加 1。计数值从 0 变成了 1，因此要开灯。

（2）之后每当有人进入办公室，“需要照明的人数”就加 1。如计数值从 1 变成 2。

（3）每当有人下班离开办公室，“需要照明的人数”就减 1。如计数值从 2 变成 1。

（4）最后一个人下班离开办公室时，“需要照明的人数”减 1。计数值从 1 变成了 0，因此要关灯。

这样就能在不需要照明的时候保持关灯状态。办公室中仅有的照明设备得到了很好的管理，如图 1-3 所示。

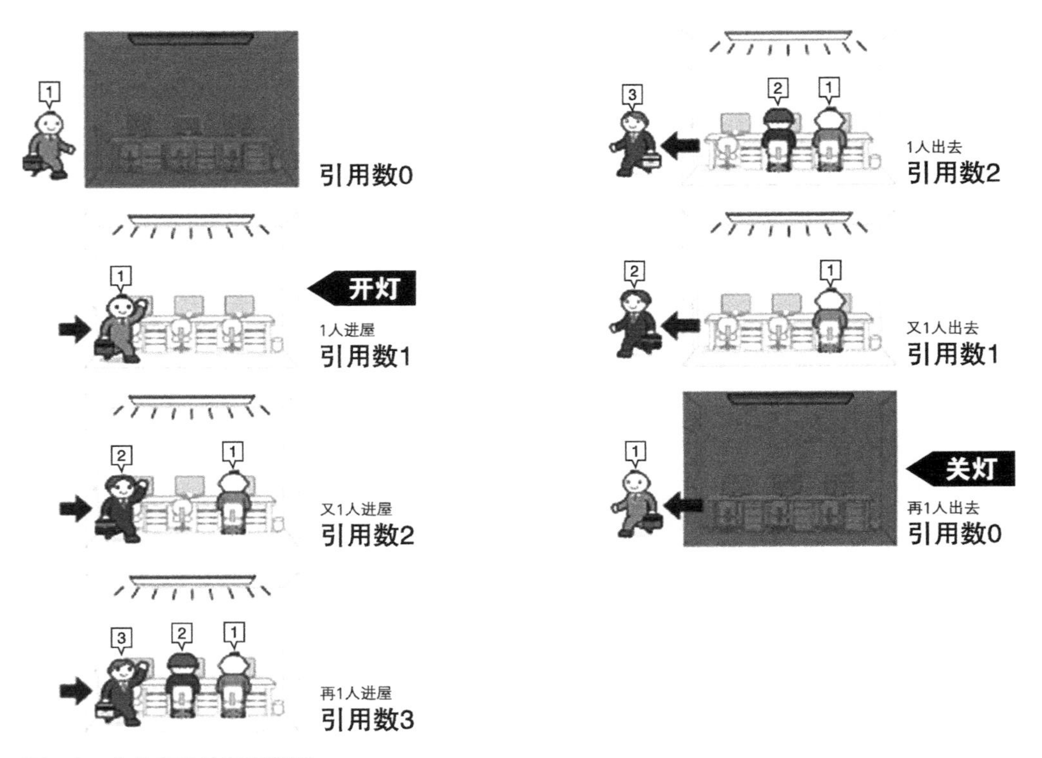

图 1-3　办公室里的照明管理

在 Objective-C 中，“对象”相当于办公室的照明设备。在现实世界中办公室的照明设备只有一个，但在 Objective-C 的世界里，虽然计算机资源有限，但一台计算机可以同时处理好几个对象。

此外，“对象的使用环境”相当于上班进入办公室的人。虽然这里的“环境”有时也指在运行中的程序代码、变量、变量作用域、对象等，但在概念上就是使用对象的环境。上班进入办公室的人对办公室照明设备发出的动作，与 Objective-C 中的对应关系则如表 1-1 所示。

表 1-1 对办公室照明设备所做的动作和对 Objective-C 的对象所做的动作

对照明设备所做的动作	对 Objective-C 对象所做的动作
开灯	生成对象
需要照明	持有对象
不需要照明	释放对象
关灯	废弃对象

使用计数功能计算需要照明的人数，使办公室的照明得到了很好的管理。同样，使用引用计数功能，对象也就能够得到很好的管理，这就是 Objective-C 的内存管理。如图 1-4 所示。

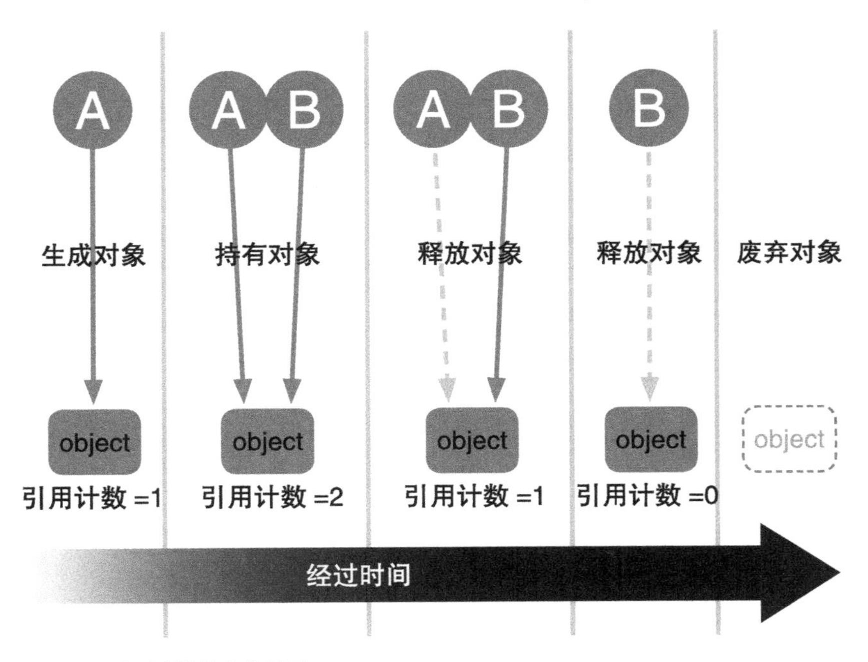

图 1-4 引用计数的内存管理

现在对 Objective-C 的内存管理多少理解一些了吧。下面，我们将学习“引用计数式内存管理”的思考方式，并在此基于实现进一步加深理解。

1.2.2 内存管理的思考方式

首先来学习引用计数式内存管理的思考方式。看到“引用计数”这个名称，我们便会不自觉地联想到“某处有某物多少多少”而将注意力放到计数上。但其实，更加客观、正确的思考方式是：

- 自己生成的对象，自己所持有。
- 非自己生成的对象，自己也能持有。

- 不再需要自己持有的对象时释放。
- 非自己持有的对象无法释放。

引用计数式内存管理的思考方式仅此而已。按照这个思路，完全不必考虑引用计数。

上文出现了“生成”、“持有”、“释放”三个词。而在 Objective-C 内存管理中还要加上“废弃”一词，这四个词将在本书中频繁出现。各个词表示的 Objective-C 方法如表 1-2。

表 1-2　对象操作与 Objective-C 方法的对应

对象操作	Objective-C 方法
生成并持有对象	alloc/new/copy/mutableCopy 等方法
持有对象	retain 方法
释放对象	release 方法
废弃对象	dealloc 方法

这些有关 Objective-C 内存管理的方法，实际上不包括在该语言中，而是包含在 Cocoa 框架中用于 OS X、iOS 应用开发。Cocoa 框架中 Foundation 框架类库的 NSObject 类担负内存管理的职责。Objective-C 内存管理中的 alloc/retain/release/dealloc 方法分别指代 NSObject 类的 alloc 类方法、retain 实例方法、release 实例方法和 dealloc 实例方法。

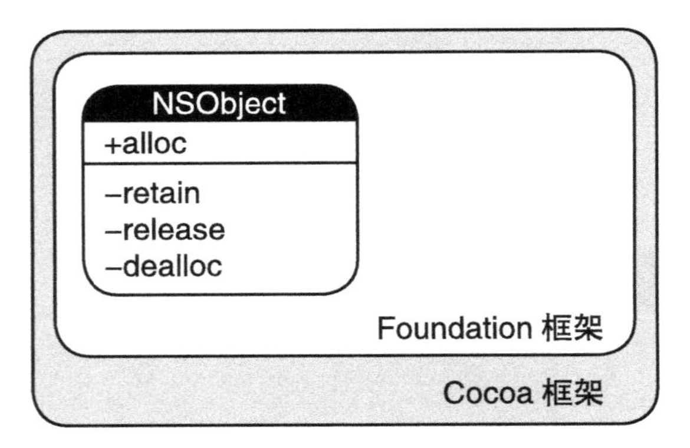

图 1-5　Cocoa 框架、Foundation 框架和 NSObject 类的关系

接着来详细了解“内存管理的思考方式”中出现的各个项目。

自己生成的对象，自己持有

使用以下名称开头的方法名意味着自己生成的对象只有自己持有：

- alloc
- new
- copy
- mutableCopy

上文出现了很多“自己”一词。本书所说的“自己”固然对应前文提到的“对象的使用环境”，但将之理解为编程人员“自身”也是没错的。下面写出了自己生成并持有对象的源代码。为生成并持有对象，我们使用 alloc 方法。

```
/*
 * 自己生成并持有对象
 */

id obj = [[NSObject alloc] init];

/*
 * 自己持有对象
 */
```

使用 NSObject 类的 alloc 类方法就能自己生成并持有对象。指向生成并持有对象的指针被赋给变量 obj。另外，使用如下 new 类方法也能生成并持有对象。[NSObject new] 与 [[NSObject alloc] init] 是完全一致的。

```
/*
 * 自己生成并持有对象
 */

id obj = [NSObject new];

/*
 * 自己持有对象
 */
```

copy 方法利用基于 NSCopying 方法约定，由各类实现的 copyWithZone：方法生成并持有对象的副本。与 copy 方法类似，mutableCopy 方法利用基于 NSMutableCopying 方法约定，由各类实现的 mutableCopyWithZone：方法生成并持有对象的副本。两者的区别在于，copy 方法生成不可变更的对象，而 mutableCopy 方法生成可变更的对象。这类似于 NSArray 类对象与 NSMutableArray 类对象的差异。用这些方法生成的对象，虽然是对象的副本，但同 alloc、new 方法一样，在“自己生成并持有对象”这点上没有改变。

另外，根据上述“使用以下名称开头的方法名”，下列名称也意味着自己生成并持有对象。

- allocMyObject
- newThatObject
- copyThis
- mutableCopyYourObject

但是对于以下名称，即使用 alloc/new/copy/mutableCopy 名称开头，并不属于同一类别的方法。

- allocate
- newer

- copying
- mutableCopyed

这里用驼峰拼写法（CamelCase[①]）来命名。

非自己生成的对象，自己也能持有

用上述项目之外的方法取得的对象，即用 alloc/new/copy/mutableCopy 以外的方法取得的对象，因为非自己生成并持有，所以自己不是该对象的持有者。我们来使用 alloc/new/copy/mutableCopy 以外的方法看看。这里试用一下 NSMutableArray 类的 array 类方法。

```
/*
 * 取得非自己生成并持有的对象
 */

id obj = [NSMutableArray array];

/*
 * 取得的对象存在，但自己不持有对象
 */
```

源代码中，NSMutableArray 类对象被赋给变量 obj，但变量 obj 自己并不持有该对象。使用 retain 方法可以持有对象。

```
/*
 * 取得非自己生成并持有的对象
 */

id obj = [NSMutableArray array];

/*
 * 取得的对象存在，但自己不持有对象
 */

[obj retain];

/*
 * 自己持有对象
 */
```

通过 retain 方法，非自己生成的对象跟用 alloc/new/copy/mutableCopy 方法生成并持有的对象一样，成为了自己所持有的。

不再需要自己持有的对象时释放

自己持有的对象，一旦不再需要，持有者有义务释放该对象。释放使用 release 方法。

① 驼峰拼写法是将第一个词后每个词的首字母大写来拼写复合词的记法。例如 CamelCase 等。

```
/*
 * 自己生成并持有对象
 */

id obj = [[NSObject alloc] init];

/*
 * 自己持有对象
 */

[obj release];

/*
 * 释放对象
 *
 * 指向对象的指针仍然被保留在变量 obj 中，貌似能够访问，
 * 但对象一经释放绝对不可访问。
 */
```

如此，用 alloc 方法由自己生成并持有的对象就通过 release 方法释放了。自己生成而非自己所持有的对象，若用 retain 方法变为自己持有，也同样可以用 release 方法释放。

```
/*
 * 取得非自己生成并持有的对象
 */

id obj = [NSMutableArray array];

/*
 * 取得的对象存在，但自己不持有对象
 */

[obj retain];

/*
 * 自己持有对象
 */

[obj release];

/*
 * 释放对象
 * 对象不可再被访问
 */
```

用 alloc/new/copy/mutableCopy 方法生成并持有的对象，或者用 retain 方法持有的对象，一旦不再需要，务必要用 release 方法进行释放。

如果要用某个方法生成对象，并将其返还给该方法的调用方，那么它的源代码又是怎样的呢？

```
- (id) allocObject
{
```

```
    /*
     * 自己生成并持有对象
     */

    id obj = [[NSObject alloc] init];

    /*
     * 自己持有对象
     */

    return obj;
}
```

如上例所示，原封不动地返回用 alloc 方法生成并持有的对象，就能让调用方也持有该对象。请注意 allocObject 这个名称是符合前文命名规则的。

```
/*
 * 取得非自己生成并持有的对象
 */

id obj1 = [obj0 allocObject];

/*
 * 自己持有对象
 */
```

allocObject 名称符合前文的命名规则，因此它与用 alloc 方法生成并持有对象的情况完全相同，所以使用 allocObject 方法也就意味着“自己生成并持有对象”。

那么，调用 [NSMutableArray array] 方法使取得的对象存在，但自己不持有对象，又是如何实现的呢？根据上文命名规则，不能使用以 alloc/new/copy/mutableCopy 开头的方法名，因此要使用 object 这个方法名。

```
- (id) object
{
    id obj = [[NSObject alloc] init];

    /*
     * 自己持有对象
     */

    [obj autorelease];

    /*
     * 取得的对象存在，但自己不持有对象
     */

    return obj;
}
```

上例中，我们使用了 autorelease 方法。用该方法，可以使取得的对象存在，但自己不持有对象。autorelease 提供这样的功能，使对象在超出指定的生存范围时能够自动并正确地释放（调用 release 方法）。如图 1-6 所示。

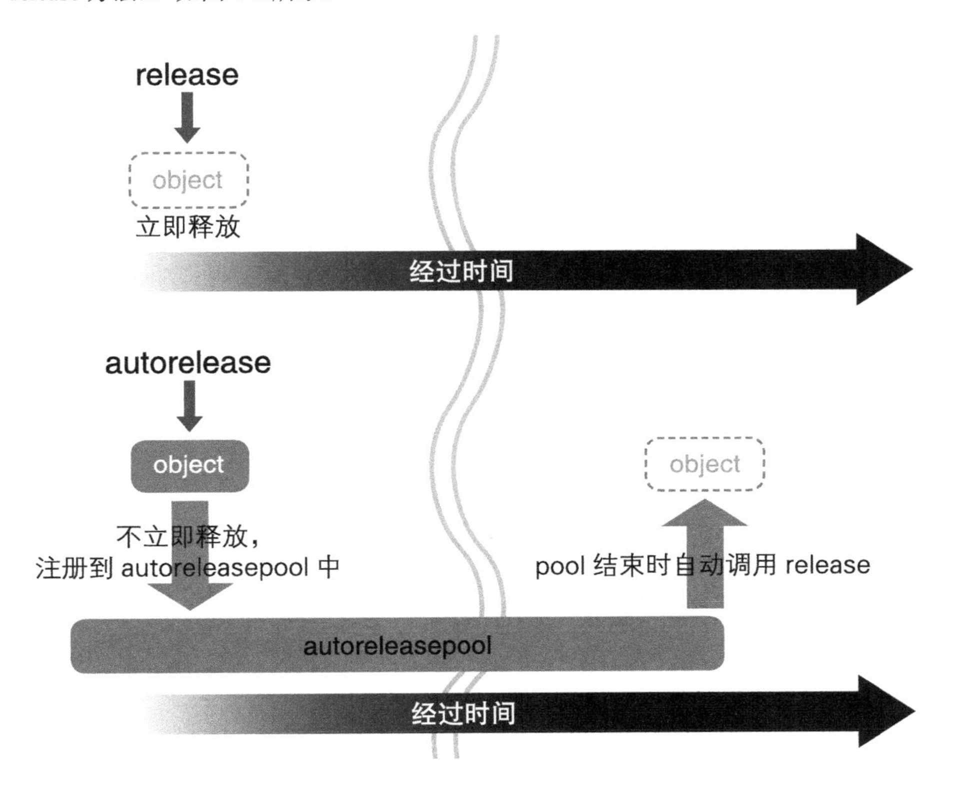

图 1-6　release 和 autorelease 的区别

在后面，对 autorelease 做了更为详细的解说，具体可参看 1.2.5 节。使用 NSMutableArray 类的 array 类方法等可以取得谁都不持有的对象，这些方法都是通过 autorelease 而实现的。此外，根据上文的命名规则，这些用来取得谁都不持有的对象的方法名不能以 alloc/new/copy/mutableCopy 开头，这点需要注意。

```
id obj1 = [obj0 object];

/*
 * 取得的对象存在，但自己不持有对象
 */
```

当然，也能够通过 retain 方法将调用 autorelease 方法取得的对象变为自己持有。

```
id obj1 = [obj0 object];

/*
 * 取得的对象存在，但自己不持有对象
```

```
 */

[obj1 retain];
/*
 * 自己持有对象
 */
```

无法释放非自己持有的对象

对于用 alloc/new/copy/mutableCopy 方法生成并持有的对象，或是用 retain 方法持有的对象，由于持有者是自己，所以在不需要该对象时需要将其释放。而由此以外所得到的对象绝对不能释放。倘若在应用程序中释放了非自己所持有的对象就会造成崩溃。例如自己生成并持有对象后，在释放完不再需要的对象之后再次释放。

```
/*
 * 自己生成并持有对象
 */

id obj = [[NSObject alloc] init];

/*
 * 自己持有对象
 */

[obj release];

/*
 * 对象已释放
 */

[obj release];

/*
 * 释放之后再次释放已非自己持有的对象！
 * 应用程序崩溃！
 *
 * 崩溃情况：
 *   再度废弃已经废弃了的对象时崩溃
 *   访问已经废弃的对象时崩溃
 */
```

或者在“取得的对象存在，但自己不持有对象”时释放。

```
id obj1 = [obj0 object];

/*
 * 取得的对象存在，但自己不持有对象
 */

[obj1 release];
```

```
/*
 * 释放了非自己持有的对象!
 * 这肯定会导致应用程序崩溃!
 */
```

如这些例子所示，释放非自己持有的对象会造成程序崩溃。因此绝对不要去释放非自己持有的对象。

以上四项内容，就是“引用计数式内存管理”的思考方式。

1.2.3 alloc/retain/release/dealloc 实现

接下来，以 Objective-c 内存管理中使用的 alloc/retain/release/dealloc 方法为基础，通过实际操作来理解内存管理。

OS X、iOS 中的大部分作为开源软件公开在 Apple Open Source① 上。虽然想让大家参考 NSObject 类的源代码，但是很遗憾，包含 NSObject 类的 Foundation 框架并没有公开。不过，Foundation 框架使用的 Core Foundation 框架的源代码，以及通过调用 NSObject 类进行内存管理部分的源代码是公开的。但是，没有 NSObject 类的源代码，就很难了解 NSObject 类的内部实现细节。为此，我们首先使用开源软件 GNUstep② 来说明。

GNUstep 是 Cocoa 框架的互换框架。也就是说，GNUstep 的源代码虽不能说与苹果的 Cocoa 实现完全相同，但是从使用者角度来看，两者的行为和实现方式是一样的，或者说非常相似。理解了 GNUstep 源代码也就相当于理解了苹果的 Cocoa 实现。

我们来看看 GNUstep 源代码中 NSObject 类的 alloc 类方法。为明确重点，有的地方对引用的源代码进行了摘录或在不改变意思的范围内进行了修改。

```
id obj = [NSObject alloc];
```

上述调用 NSObject 类的 alloc 类方法在 NSObject.m 源代码中的实现如下。

▼ GNUstep/modules/core/base/Source/NSObject.m alloc

```
+ (id) alloc
{
    return [self allocWithZone: NSDefaultMallocZone ( ) ];
}

+ (id) allocWithZone: (NSZone* ) z
{
    return NSAllocateObject (self, 0, z);
}
```

① Apple Open Source　http://opensource.apple.com/。

② GNUstep　http://gnustep.org/。

通过 allocWithZone：类方法调用 NSAllocateObject 函数分配了对象。下面我们来看看 NSAllocateObject 函数。

▼ GNUstep/modules/core/base/Source/NSObject.m NSAllocateObject

```
struct obj_layout {
    NSUInteger retained;
};

inline id
NSAllocateObject (Class aClass, NSUInteger extraBytes, NSZone *zone)
{
    int size = 计算容纳对象所需内存大小;
    id new = NSZoneMalloc(zone,size);
    memset(new, 0, size);
    new = (id)&((struct obj_layout *)new)[1];
}
```

NSAllocateObject 函数通过调用 NSZoneMalloc 函数来分配存放对象所需的内存空间，之后将该内存空间置 0，最后返回作为对象而使用的指针。

专栏 区域

NSDefaultMallocZone、NSZoneMalloc 等名称中包含的 NSZone 是什么呢？它是为防止内存碎片化而引入的结构。对内存分配的区域本身进行多重化管理，根据使用对象的目的、对象的大小分配内存，从而提高了内存管理的效率。

但是，如同苹果官方文档 Programming With ARC Release Notes 中所说，现在的运行时系统只是简单地忽略了区域的概念。运行时系统中的内存管理本身已极具效率，使用区域来管理内存反而会引起内存使用效率低下以及源代码复杂化等问题。如图 1-7 所示。

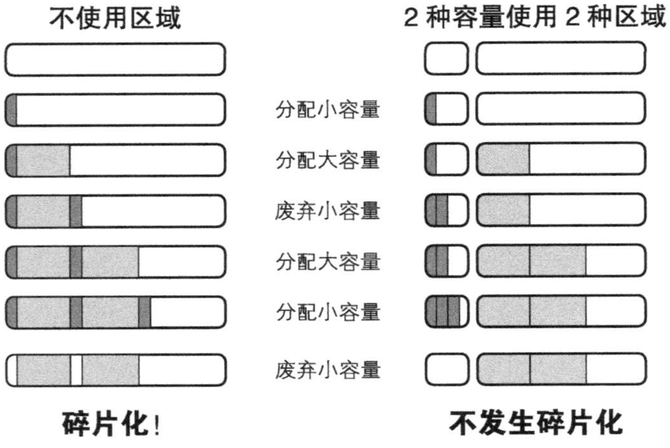

图 1-7　使用多重区域防止内存碎片化的例子

以下是去掉 NSZone 后简化了的源代码：

▼ GNUstep/modules/core/base/Source/NSObject.m alloc 简化版

```
struct obj_layout {
    NSUInteger retained;
};

+ (id) alloc
{
    int size = sizeof (struct obj_layout) + 对象大小;
    struct obj_layout *p = (struct obj_layout *) calloc (1,size);
    return (id)(p+1);
}
```

alloc 类方法用 struct obj_layout 中的 retained 整数来保存引用计数，并将其写入对象内存头部，该对象内存块全部置 0 后返回。以下用图示来展示有关 GNUstep 的实现，alloc 类方法返回的对象。如图 1-8 所示。

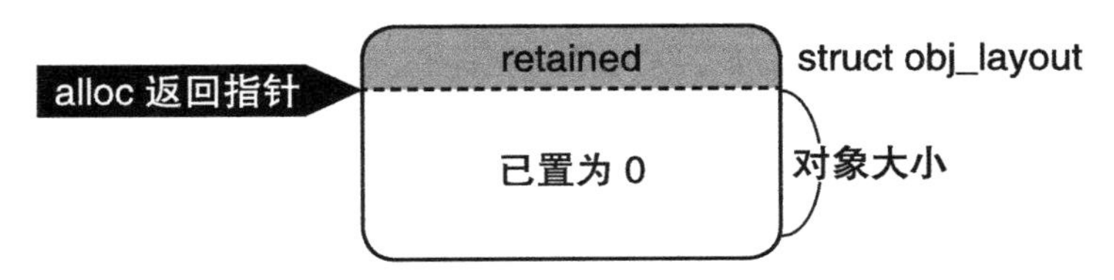

图 1-8　alloc 返回对象的内存图

对象的引用计数可通过 retainCount 实例方法取得。

```
id obj = [[NSObject alloc] init];
NSLog (@"retainCount=%d", [obj retainCount]);

/*
 * 显示 retainCount=1
 */
```

执行 alloc 后对象的 retainCount 是“1”。下面通过 GNUstep 的源代码来确认。

▼ GNUstep/modules/core/base/Source/NSObject.m retainCount

```
- (NSUInteger) retainCount
{
    return NSExtraRefCount (self) + 1;
}

inline NSUInteger
NSExtraRefCount (id anObject)
{
    return ((struct obj_layout *) anObject) [-1].retained;
}
```

由对象寻址找到对象内存头部，从而访问其中的 retained 变量。如图 1-9 所示。

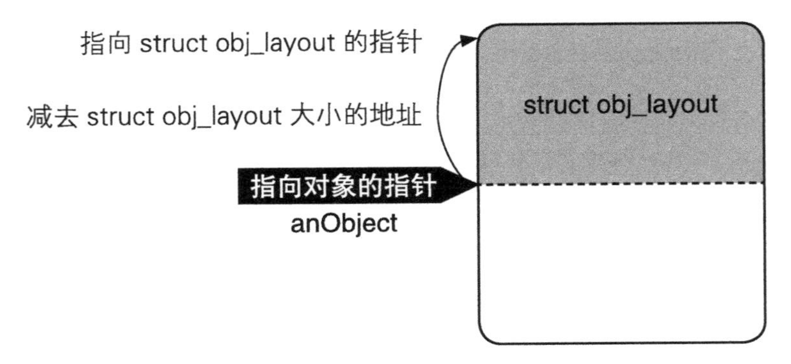

图 1-9　通过对象访问对象内存头部

因为分配时全部置 0，所以 retained 为 0。由 NSExtraRefCount（self）+ 1 得出，retainCount 为 1。可以推测出，retain 方法使 retained 变量加 1，而 release 方法使 retained 变量减 1。

```
[obj retain];
```

下面来看一下像上面那样调用出的 retain 实例方法。

▼ GNUstep/modules/core/base/Source/NSObject.m retain

```
- (id) retain
{
    NSIncrementExtraRefCount(self);
    return self;
}

inline void
NSIncrementExtraRefCount(id anObject)
{
    if (((struct obj_layout *) anObject)[-1].retained == UINT_MAX - 1)
        [NSException raise: NSInternalInconsistencyException
            format: @"NSIncrementExtraRefCount() asked to increment too far"];

    ((struct obj_layout *) anObject)[-1].retained++;
}
```

虽然写入了当 retained 变量超出最大值时发生异常的代码，但实际上只运行了使 retained 变量加 1 的 retained++ 代码。同样地，release 实例方法进行 retained-- 并在该引用计数变量为 0 时做出处理。下面通过源代码来确认。

```
[obj release];
```

以下为此 release 实例方法的实现。

▼ GNUstep/modules/core/base/Source/NSObject.m release

```
- (void) release
{
    if (NSDecrementExtraRefCountWasZero(self))
        [self dealloc];
}

BOOL
NSDecrementExtraRefCountWasZero(id anObject)
{
    if (((struct obj_layout *)anObject)[-1].retained == 0) {
        return YES;
    } else {
        ((struct obj_layout *)anObject)[-1].retained--;
        return NO;
    }
}
```

同预想的一样，当 retained 变量大于 0 时减 1，等于 0 时调用 dealloc 实例方法，废弃对象。以下是废弃对象时所调用的 dealloc 实例方法的实现。

▼ GNUstep/modules/core/base/Source/NSObject.m dealloc

```
- (void) dealloc
{
    NSDeallocateObject(self);
}

inline void
NSDeallocateObject(id anObject)
{
    struct obj_layout *o = &((struct obj_layout *)anObject)[-1];
    free(o);
}
```

上述代码仅废弃由 alloc 分配的内存块。

以上就是 alloc/retain/release/dealloc 在 GNUstep 中的实现。具体总结如下：

- 在 Objective-C 的对象中存有引用计数这一整数值。
- 调用 alloc 或是 retain 方法后，引用计数值加 1。
- 调用 release 后，引用计数值减 1。
- 引用计数值为 0 时，调用 dealloc 方法废弃对象。

1.2.4 苹果的实现

在看了 GNUstep 中的内存管理和引用计数的实现后，我们来看看苹果的实现。因为 NSObject 类的源代码没有公开，此处利用 Xcode 的调试器（lldb）和 iOS 大概追溯出其实现过程。

在 NSObject 类的 alloc 类方法上设置断点，追踪程序的执行。以下列出了执行所调用的方法和函数。

```
+alloc
+allocWithZone:
class_createInstance
calloc
```

alloc 类方法首先调用 allocWithZone: 类方法，这和 GNUstep 的实现相同，然后调用 class_createInstance 函数[①]，该函数在 Objective-C 运行时参考中也有说明，最后通过调用 calloc 来分配内存块。这和前面讲述的 GNUstep 的实现并无多大差异。class_createInstance 函数的源代码可以通过 objc4 库[②]中的 runtime/objc-runtime-new.mm 进行确认。

retainCount/retain/release 实例方法又是怎样实现的呢？同刚才的方法一样，下面列出各个方法分别调用的方法和函数。

```
-retainCount
__CFDoExternRefOperation
CFBasicHashGetCountOfKey
```

```
-retain
__CFDoExternRefOperation
CFBasicHashAddValue
```

```
-release
__CFDoExternRefOperation
CFBasicHashRemoveValue
（CFBasicHashRemoveValue 返回 0 时，-release 调用 dealloc）
```

各个方法都通过同一个调用了 __CFDoExternRefOperation 函数，调用了一系列名称相似的函数。如这些函数名的前缀“CF”所示，它们包含于 Core Foundation 框架源代码中，即是 CFRuntime.c 的 __CFDoExternRefOperation 函数。为了理解其实现，下面简化了 __CFDoExternRefOperation 函数后的源代码。

▼ CF/CFRuntime.c __CFDoExternRefOperation

```
int __CFDoExternRefOperation(uintptr_t op, id obj) {
    CFBasicHashRef table = 取得对象对应的散列表(obj);
    int count;

    switch (op) {
    case OPERATION_retainCount:
```

① http://developer.apple.com/library/ios/#documentation/Cocoa/Reference/ObjCRuntimeRef/reference.html。

② http://www.opensource.apple.com/source/objc4/。

```
        count = CFBasicHashGetCountOfKey(table, obj);
        return count;

    case OPERATION_retain:
        CFBasicHashAddValue(table, obj);
        return obj;

    case OPERATION_release:
        count = CFBasicHashRemoveValue(table, obj);
        return 0 == count;
    }
}
```

__CFDoExternRefOperation 函数按 retainCount/retain/release 操作进行分发，调用不同的函数。NSObject 类的 retainCount/retain/release 实例方法也许如下面代码所示：

```
- (NSUInteger) retainCount
{
    return (NSUInteger)__CFDoExternRefOperation(OPERATION_retainCount, self);
}

- (id) retain
{
    return (id)__CFDoExternRefOperation(OPERATION_retain, self);
}

- (void) release
{
    return __CFDoExternRefOperation(OPERATION_release, self);
}
```

可以从 __CFDoExternRefOperation 函数以及由此函数调用的各个函数名看出，苹果的实现大概就是采用散列表（引用计数表）来管理引用计数。如图 1-10 所示。

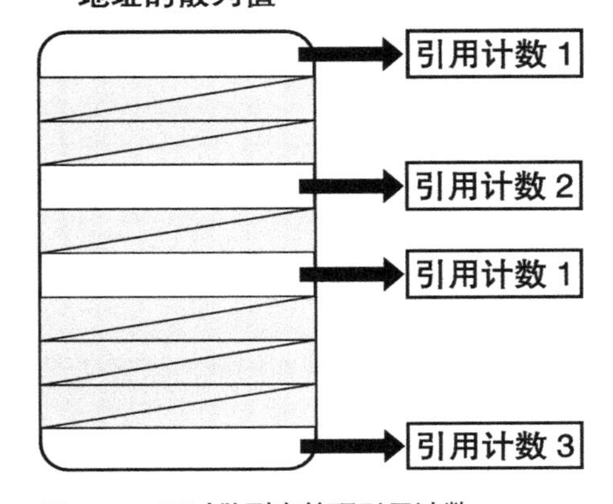

图 1-10　通过散列表管理引用计数

GNUstep 将引用计数保存在对象占用内存块头部的变量中，而苹果的实现，则是保存在引用计数表的记录中。GNUstep 的实现看起来既简单又高效，而苹果如此实现必然有它的好处。下面我们来讨论一下。

通过内存块头部管理引用计数的好处如下：

- 少量代码即可完成。
- 能够统一管理引用计数用内存块与对象用内存块。

通过引用计数表管理引用计数的好处如下：

- 对象用内存块的分配无需考虑内存块头部。
- 引用计数表各记录中存有内存块地址，可从各个记录追溯到各对象的内存块。

这里特别要说的是，第二条这一特性在调试时有着举足轻重的作用。即使出现故障导致对象占用的内存块损坏，但只要引用计数表没有被破坏，就能够确认各内存块的位置。如图 1-11 所示。

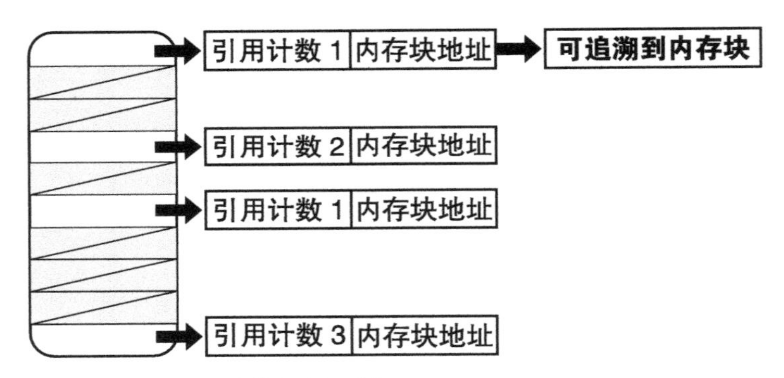

图 1-11　通过引用计数表追溯对象

另外，在利用工具检测内存泄漏时，引用计数表的各记录也有助于检测各对象的持有者是否存在。

通过以上解说即可理解苹果的实现。

1.2.5　autorelease

说到 Objective-C 内存管理，就不能不提 autorelease。

顾名思义，autorelease 就是自动释放。这看上去很像 ARC，但实际上它更类似于 C 语言中自动变量[①]（局部变量）的特性。

我们来复习一下 C 语言的自动变量。程序执行时，若某自动变量超出其作用域，该自动变量将被自动废弃。

---

① http://en.wikipedia.org/wiki/Automatic_variable。

```
{

    int a;

}   /*
     * 因为超出变量作用域，
     * 自动变量“int a”被废弃，不可再访问
     */
```

autorelease 会像 C 语言的自动变量那样来对待对象实例。当超出其作用域（相当于变量作用域）时，对象实例的 release 实例方法被调用。另外，同 C 语言的自动变量不同的是，编程人员可以设定变量的作用域。

autorelease 的具体使用方法如下：

（1）生成并持有 NSAutoreleasePool 对象；

（2）调用已分配对象的 autorelease 实例方法；

（3）废弃 NSAutoreleasePool 对象。

图 1-12　NSAutoreleasePool 对象的生存周期

NSAutoreleasePool 对象的生存周期相当于 C 语言变量的作用域。对于所有调用过 autorelease 实例方法的对象，在废弃 NSAutoreleasePool 对象时，都将调用 release 实例方法。如图 1-12 所示。

用源代码表示如下：

```
NSAutoreleasePool *pool = [[NSAutoreleasePool alloc] init];

id obj = [[NSObject alloc] init];

[obj autorelease];

[pool drain];
```

上述源代码中最后一行的“[pool drain]”等同于“[obj release]”。

在 Cocoa 框架中，相当于程序主循环的 NSRunLoop 或者在其他程序可运行的地方，对 NSAutoreleasePool 对象进行生成、持有和废弃处理。因此，应用程序开发者不一定非得使用 NSAutoreleasePool 对象来进行开发工作。如图 1-13 所示。

生成 NSAutoreleasePool 对象

应用程序主线程处理

废弃 NSAutoreleasePool 对象

图 1-13　NSRunLoop 每次循环过程中 NSAutoreleasePool 对象被生成或废弃

尽管如此，但在大量产生 autorelease 的对象时，只要不废弃 NSAutoreleasePool 对象，那么生成的对象就不能被释放，因此有时会产生内存不足的现象。典型的例子是读入大量图像的同时改变其尺寸。图像文件读入到 NSData 对象，并从中生成 UIImage 对象，改变该对象尺寸后生成新的 UIImage 对象。这种情况下，就会大量产生 autorelease 的对象。

```
for (int i = 0; i < 图像数; ++i) {

    /*
     * 读入图像
     * 大量产生 autorelease 的对象。
     * 由于没有废弃 NSAutoreleasePool 对象
     * 最终导致内存不足!
     */
}
```

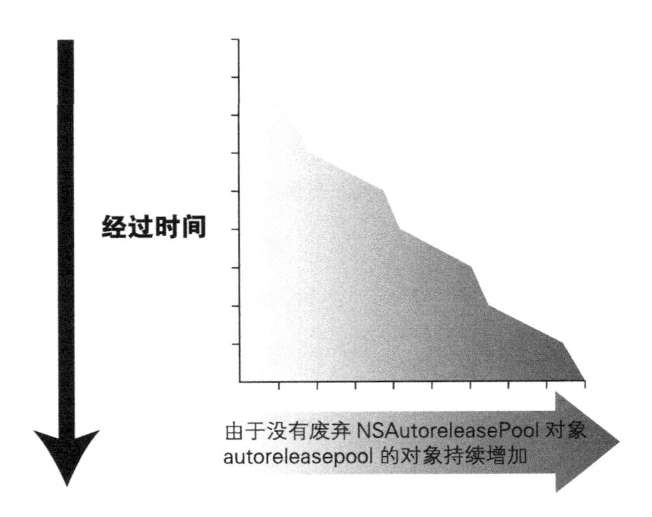

图 1-14　大量产生 autorelease 的对象

在此情况下，有必要在适当的地方生成、持有或废弃 NSAutoreleasePool 对象。

```
for (int i = 0; i < 图像数; ++i) {

    NSAutoreleasePool *pool = [[NSAutoreleasePool alloc] init];

    /*
     * 读入图像
     * 大量产生 autorelease 的对象。
     */

    [pool drain];

    /*
     * 通过 [pool drain],
     * autorelease 的对象被一起 release。
     */
}
```

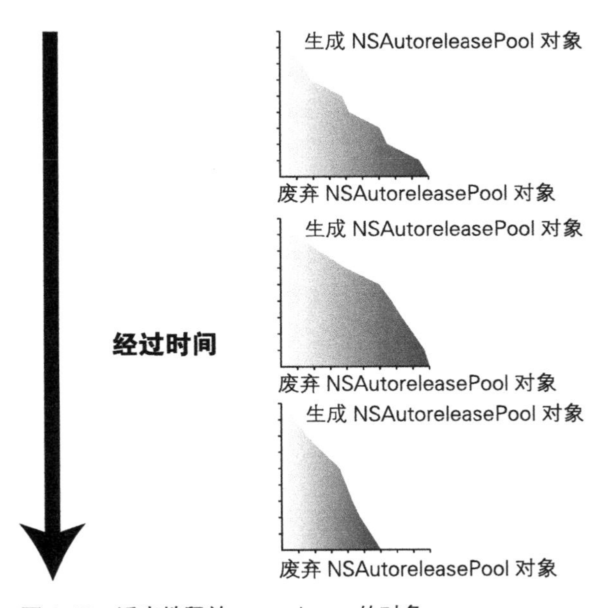

图 1-15 适当地释放 autorelease 的对象

另外，Cocoa 框架中也有很多类方法用于返回 autorelease 的对象。比如 NSMutableArray 类的 arrayWithCapacity 类方法。

```
id array = [NSMutableArray arrayWithCapacity:1];
```

此源代码等同于以下源代码。

```
id array = [[[NSMutableArray alloc] initWithCapacity:1] autorelease];
```

1.2.6　autorelease 实现

autorelease 是怎样实现的呢？为了加深理解，同 alloc/retain/release/dealloc 一样，我们来查看一下 GNUstep 的源代码。

```
[obj autorelease]
```

此源代码调用 NSObject 类的 autorelease 实例方法。

▼ GNUstep/modules/core/base/Source/NSObject.m autorelease

```
- (id) autorelease
{
    [NSAutoreleasePool addObject:self];
}
```

autorelease 实例方法的本质就是调用 NSAutoreleasePool 对象的 addObject 类方法。

专栏 提高调用 Objective-C 方法的速度

GNUstep 中的 autorelease 实际上是用一种特殊的方法来实现的。这种方法能够高效地运行 OS X、iOS 用应用程序中频繁调用的 autorelease 方法，它被称为 "IMP Caching"。在进行方法调用时，为了解决类名 / 方法名以及取得方法运行时的函数指针，要在框架初始化时对其结果值进行缓存。

```
id autorelease_class = [NSAutoreleasePool class];
SEL autorelease_sel = @selector(addObject:);
IMP autorelease_imp = [autorelease_class methodForSelector:autorelease_sel];
```

实际的方法调用就是使用缓存的结果值。

```
- (id) autorelease
{
    (*autorelease_imp)(autorelease_class, autorelease_sel, self);
}
```

这就是 IMP Caching 的方法调用。虽然同以下源代码完全相同，但从运行效率上看，即使它依赖于运行环境，一般而言速度也是其他方法的 2 倍。

```
- (id) autorelease
{
    [NSAutoreleasePool addObject:self];
}
```

下面来看一下 NSAutoreleasePool 类的实现。由于 NSAutoreleasePool 类的源代码比较复杂，所以我们假想一个简化的源代码进行说明。

▼ GNUstep/modules/core/base/Source/NSAutoreleasePool.m addObject

```
+ (void) addObject: (id) anObj
{
    NSAutoreleasePool *pool = 取得正在使用的 NSAutoreleasePool 对象;
    if (pool != nil) {
        [pool addObject:anObj];
    } else {
        NSLog (@"NSAutoreleasePool 对象非存在状态下调用 autorelease");
    }
}
```

addObject 类方法调用正在使用的 NSAutoreleasePool 对象的 addObject 实例方法。以下源代码中，被赋予 pool 变量的即为正在使用的 NSAutoreleasePool 对象。

```
NSAutoreleasePool *pool = [[NSAutoreleasePool alloc] init];
id obj = [[NSObject alloc] init];
[obj autorelease];
```

如果嵌套生成或持有的 NSAutoreleasePool 对象，理所当然会使用最内侧的对象。下例中，pool2 为正在使用的 NSAutoreleasePool 对象。

```
NSAutoreleasePool *pool0 = [[NSAutoreleasePool alloc] init];

    NSAutoreleasePool *pool1 = [[NSAutoreleasePool alloc] init];

        NSAutoreleasePool *pool2 = [[NSAutoreleasePool alloc] init];

        id obj = [[NSObject alloc] init];
        [obj autorelease];

        [pool2 drain];

    [pool1 drain];

[pool0 drain];
```

下面看一下 addObject 实例方法的实现。

▼ GNUstep/modules/core/base/Source/NSAutoreleasePool.m addObject

```
- (void) addObject: (id) anObj
{
    [array addObject:anObj];
}
```

实际的 GNUstep 实现使用的是连接列表，这同在 NSMutableArray 对象中追加对象参数是一样的。

如果调用NSObject类的autorelease实例方法，该对象将被追加到正在使用的NSAutoreleasePool对象中的数组里。

```
[pool drain];
```

以下为通过drain实例方法废弃正在使用的NSAutoreleasePool对象的过程。

▼ GNUstep/modules/core/base/Source/NSAutoreleasePool.m drain

```
- (void) drain
{
    [self dealloc];
}

- (void) dealloc
{
    [self emptyPool];
    [array release];
}

- (void) emptyPool
{
    for (id obj in array) {
        [obj release];
    }
}
```

虽然调用了好几个方法，但可以确定对于数组中的所有对象都调用了release实例方法。

1.2.7　苹果的实现

可通过objc4库的runtime/objc-arr.mm来确认苹果中autorelease的实现。

▼ objc4/runtime/objc-arr.mm class AutoreleasePoolPage

```
class AutoreleasePoolPage
{
    static inline void *push()
    {
        相当于生成或持有 NSAutoreleasePool 类对象；
    }

    static inline void *pop(void *token)
    {
        相当于废弃 NSAutoreleasePool 类对象；
        releaseAll();
    }

    static inline id autorelease(id obj)
```

```
    {
        相当于 NSAutoreleasePool 类的 addObject 类方法
        AutoreleasePoolPage *autoreleasePoolPage =
            取得正在使用的 AutoreleasePoolPage 实例；
        autoreleasePoolPage->add ( obj ) ;
    }

    id *add ( id obj )
    {
        将对象追加到内部数组中；
    }

    void releaseAll ( )
    {
        调用内部数组中对象的 release 实例方法；
    }
};

void *objc_autoreleasePoolPush ( void )
{
    return AutoreleasePoolPage::push ( ) ;
}

void objc_autoreleasePoolPop ( void *ctxt )
{
    AutoreleasePoolPage::pop ( ctxt ) ;
}

id *objc_autorelease ( id obj )
{
    return AutoreleasePoolPage::autorelease ( obj ) ;
}
```

C++ 类中虽然有动态数组的实现，但其行为和 GNUstep 的实现完全相同。

我们使用调试器来观察一下 NSAutoreleasePool 类方法和 autorelease 方法的运行过程。如下所示，这些方法调用了关联于 objc4 库 autorelease 实现的函数。

```
NSAutoreleasePool *pool = [[NSAutoreleasePool alloc] init];
/* 等同于 objc_autoreleasePoolPush ( ) */

id obj = [[NSObject alloc] init];

[obj autorelease];
/* 等同于 objc_autorelease ( obj ) */

[pool drain];
/* 等同于 objc_autoreleasePoolPop ( pool ) */
```

另外，可通过 NSAutoreleasePool 类中的调试用非公开类方法 showPools 来确认已被 autorelease 的对象的状况。showPools 会将现在的 NSAutoreleasePool 的状况输出到控制台。

```
[NSAutoreleasePool showPools];
```

NSAutoreleasePool 类的 showPools 类方法只能在 iOS 中使用，作为替代，在现在的运行时系统中我们使用调试用非公开函数 _objc_autoreleasePoolPrint ()。

```
/* 函数声明 */
extern void _objc_autoreleasePoolPrint();

/* autoreleasepool 调试用输出开始 */
_objc_autoreleasePoolPrint();
```

如果运行此函数，就能像下面这样在控制台中确认 AutoreleasePoolPage 类的情况。

```
objc[14481]: ##############
objc[14481]: AUTORELEASE POOLS for thread 0xad0892c0
objc[14481]: 14 releases pending.
objc[14481]: [0x6a85000]  ................  PAGE  (hot) (cold)
objc[14481]: [0x6a85028]  ################  POOL 0x6a85028
objc[14481]: [0x6a8502c]         0x6719e40  __NSCFString
objc[14481]: [0x6a85030]  ################  POOL 0x6a85030
objc[14481]: [0x6a85034]         0x7608100  __NSArrayI
objc[14481]: [0x6a85038]         0x7609a60  __NSCFData
objc[14481]: [0x6a8503c]  ################  POOL 0x6a8503c
objc[14481]: [0x6a85040]         0x8808df0  __NSCFDictionary
objc[14481]: [0x6a85044]         0x760ab50  NSConcreteValue
objc[14481]: [0x6a85048]         0x760afe0  NSConcreteValue
objc[14481]: [0x6a8504c]         0x760b280  NSConcreteValue
objc[14481]: [0x6a85050]         0x760b2f0  __NSCFNumber
objc[14481]: [0x6a851a8]  ################  POOL 0x6a851a8
objc[14481]: [0x6a851ac]         0x741d1e0  Test
objc[14481]: [0x6a851b0]         0x671c660  NSObject
objc[14481]: ##############
```

该函数在检查某对象是否被自动 release 时非常有用。

专栏　autorelease NSAutoreleasePool 对象

提问：如果 autorelease NSAutoreleasePool 对象会如何?

```
NSAutoreleasePool *pool = [[NSAutoreleasePool alloc] init];

[pool autorelease];
```

回答：发生异常

```
*** Terminating app due to uncaught exception 'NSInvalidArgumentException'

reason: '*** -[NSAutoreleasePool autorelease]:
    Cannot autorelease an autorelease pool'
```

> 通常在使用 Objective-C，也就是 Foundation 框架时，无论调用哪一个对象的 autorelease 实例方法，实现上是调用的都是 NSObject 类的 autorelease 实例方法。但是对于 NSAutoreleasePool 类，autorelease 实例方法已被该类重载，因此运行时就会出错。

1.3 ARC 规则

1.3.1 概要

上一节复习了 Objective-C 的内存管理，本节讲述 ARC 所引起的变化。

实际上“引用计数式内存管理”的本质部分在 ARC 中并没有改变。就像“自动引用计数”这个名称表示的那样，ARC 只是自动地帮助我们处理“引用计数”的相关部分。

在编译单位上，可设置 ARC 有效或无效，这一点便能佐证上述结论。比如对每个文件可选择使用或不使用 ARC。如图 1-16 所示：

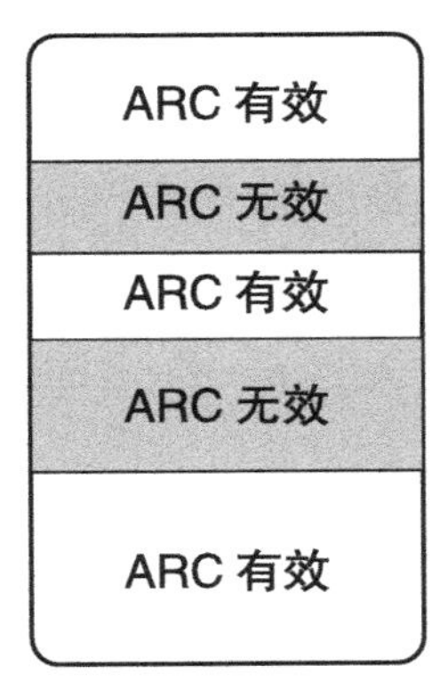

一个应用程序中可以混合 ARC 有效或无效的二进制形式

图 1-16 同一程序中按文件单位可以选择 ARC 有效 / 无效

设置 ARC 有效的编译方法如下所示：

- 使用 clang（LLVM 编译器）3.0 或以上版本
- 指定编译器属性为“-fobjc-arc”

Xcode 4.2 默认设定为对所有的文件 ARC 有效。

另外，本书以后的章节中出现的源代码，如非明确说明，均为 ARC 有效。ARC 无效时用的源代码会作出“/* ARC 无效 */”标记。

1.3.2　内存管理的思考方式

引用计数式内存管理的思考方式就是思考 ARC 所引起的变化。

- 自己生成的对象，自己所持有。
- 非自己生成的对象，自己也能持有。
- 自己持有的对象不再需要时释放。
- 非自己持有的对象无法释放。

这一思考方式在 ARC 有效时也是可行的。只是在源代码的记述方法上稍有不同。到底有什么样的变化呢？首先要理解 ARC 中追加的所有权声明。

1.3.3　所有权修饰符

Objective-C 编程中为了处理对象，可将变量类型定义为 id 类型或各种对象类型。

所谓对象类型就是指向 NSObject 这样的 Objective-C 类的指针，例如“NSObject *”。id 类型用于隐藏对象类型的类名部分，相当于 C 语言中常用的“void *”。

ARC 有效时，id 类型和对象类型同 C 语言其他类型不同，其类型上必须附加所有权修饰符。所有权修饰符一共有 4 种。

- __strong 修饰符
- __weak 修饰符
- __unsafe_unretained 修饰符
- __autoreleasing 修饰符

__strong 修饰符

__strong 修饰符是 id 类型和对象类型默认的所有权修饰符。也就是说，以下源代码中的 id 变量，实际上被附加了所有权修饰符。

```
id obj = [[NSObject alloc] init];
```

id 和对象类型在没有明确指定所有权修饰符时，默认为 __strong 修饰符。上面的源代码与以下相同。

```
id __strong obj = [[NSObject alloc] init];
```

该源代码在 ARC 无效时又该如何表述呢？

```
/* ARC 无效 */

id obj = [[NSObject alloc] init];
```

该源代码一看则明，目前在表面上并没有任何变化。再看看下面的代码。

```
{
    id __strong obj = [[NSObject alloc] init];
}
```

此源代码明确指定了 C 语言的变量的作用域。ARC 无效时，该源代码可记述如下：

```
/* ARC 无效 */

{
   id obj = [[NSObject alloc] init];

   [obj release];
}
```

为了释放生成并持有的对象，增加了调用 release 方法的代码。该源代码进行的动作同先前 ARC 有效时的动作完全一样。

如此源代码所示，附有 __strong 修饰符的变量 obj 在超出其变量作用域时，即在该变量被废弃时，会释放其被赋予的对象。

如“strong”这个名称所示，__strong 修饰符表示对对象的“强引用”。持有强引用的变量在超出其作用域时被废弃，随着强引用的失效，引用的对象会随之释放。

下面关注一下源代码中关于对象的所有者的部分。

```
{
    id __strong  obj = [[NSObject alloc] init];
}
```

此源代码就是之前自己生成并持有对象的源代码，该对象的所有者如下：

```
{
    /*
     * 自己生成并持有对象
     */

    id __strong obj = [[NSObject alloc] init];

    /*
     * 因为变量 obj 为强引用，
     * 所以自己持有对象
     */

}   /*
     * 因为变量 obj 超出其作用域，强引用失效，
```

```
     * 所以自动地释放自己持有的对象。
     * 对象的所有者不存在，因此废弃该对象。
     * /
```

此处，对象的所有者和对象的生存周期是明确的。那么，在取得非自己生成并持有的对象时又会如何呢？

```
{
    id __strong obj = [NSMutableArray array];
}
```

在 NSMutableArray 类的 array 类方法的源代码中取得非自己生成并持有的对象，具体如下：

```
{
    /*
     * 取得非自己生成并持有的对象
     * /

    id __strong obj = [NSMutableArray array];

    /*
     * 因为变量 obj 为强引用，
     * 所以自己持有对象
     * /

}   /*
     * 因为变量 obj 超出其作用域，强引用失效，
     * 所以自动地释放自己持有的对象
     * /
```

在这里对象的所有者和对象的生存周期也是明确的。

```
{
    /*
     * 自己生成并持有对象
     * /

    id __strong obj = [[NSObject alloc] init];

    /*
     * 因为变量 obj 为强引用，
     * 所以自己持有对象
     * /

}   /*
     * 因为变量 obj 超出其作用域，强引用失效，
     * 所以自动地释放自己持有的对象。
     * 对象的所有者不存在，因此废弃该对象。
     * /
```

当然，附有 __strong 修饰符的变量之间可以相互赋值。

```
id __strong obj0 = [[NSObject alloc] init];

id __strong obj1 = [[NSObject alloc] init];

id __strong obj2 = nil;

obj0 = obj1;

obj2 = obj0;

obj1 = nil;

obj0 = nil;

obj2 = nil;
```

下面来看一下生成并持有对象的强引用。

```
id __strong obj0 = [[NSObject alloc] init];  /* 对象A */

/*
 * obj0 持有对象 A 的强引用
 */

id __strong obj1 = [[NSObject alloc] init];  /* 对象B */

/*
 * obj1 持有对象 B 的强引用
 */

id __strong obj2 = nil;

/*
 * obj2 不持有任何对象
 */

obj0 = obj1;

/*
 * obj0 持有由 obj1 赋值的对象 B 的强引用
 * 因为 obj0 被赋值，所以原先持有的对对象 A 的强引用失效。
 * 对象 A 的所有者不存在，因此废弃对象 A。
 *
 * 此时，持有对象 B 的强引用的变量为
 * obj0 和 obj1。
 */

obj2 = obj0;

/*
 * obj2 持有由 obj0 赋值的对象 B 的强引用
 *
 * 此时，持有对象 B 的强引用的变量为
```

```
     * obj0，obj1 和 obj2。
     * /

    obj1 = nil;

    /*
     * 因为 nil 被赋予了 obj1，所以对对象 B 的强引用失效。
     *
     * 此时，持有对象 B 的强引用的变量为
     * obj0 和 obj2。
     * /

    obj0 = nil;

    /*
     * 因为 nil 被赋予 obj0，所以对对象 B 的强引用失效。
     *
     * 此时，持有对象 B 的强引用的变量为
     * obj2。
     * /

    obj2 = nil;

    /*
     * 因为 nil 被赋予 obj2，所以对对象 B 的强引用失效。
     * 对象 B 的所有者不存在，因此废弃对象 B。
     * /
```

通过上面这些不难发现，__strong 修饰符的变量，不仅只在变量作用域中，在赋值上也能够正确地管理其对象的所有者。

当然，即便是 Objective-C 类成员变量，也可以在方法参数上，使用附有 __strong 修饰符的变量。

```
@interface Test : NSObject
{
    id __strong obj_;
}
- (void)setObject:(id __strong)obj;
@end

@implementation Test
- (id)init
{
    self = [super init];
    return self;
}

- (void)setObject:(id __strong)obj
{
    obj_ = obj;
}
@end
```

下面试着使用该类。

```
{
    id __strong test = [[Test alloc] init];
    [test setObject:[[NSObject alloc] init]];
}
```

该例中生成并持有对象的状态记录如下：

```
{
    id __strong test = [[Test alloc] init];

    /*
     * test 持有 Test 对象的强引用
     * /

    [test setObject:[[NSObject alloc] init]];

    /*
     * Test 对象的 obj_ 成员，
     * 持有 NSObject 对象的强引用。
     * /

}   /*
     * 因为 test 变量超出其作用域，强引用失效，
     * 所以自动释放 Test 对象。
     * Test 对象的所有者不存在，因此废弃该对象。
     *
     * 废弃 Test 对象的同时，
     * Test 对象的 obj_ 成员也被废弃，
     * NSObject 对象的强引用失效，
     * 自动释放 NSObject 对象。
     * NSObject 对象的所有者不存在，因此废弃该对象。
     * /
```

像这样，无需额外工作便可以使用于类成员变量以及方法参数中。关于类属性，会在后面详细说明（参考 1.3.5 节）。

另外，__strong 修饰符同后面要讲的 __weak 修饰符和 __autoreleasing 修饰符一起，可以保证将附有这些修饰符的自动变量初始化为 nil。

```
id __strong obj0;
id __weak obj1;
id __autoreleasing obj2;
```

以下源代码与上相同。

```
id __strong obj0 = nil;
id __weak obj1 = nil;
id __autoreleasing obj2 = nil;
```

正如苹果宣称的那样，通过 __strong 修饰符，不必再次键入 retain 或者 release，完美地满足了“引用计数式内存管理的思考方式”：

- 自己生成的对象，自己所持有。
- 非自己生成的对象，自己也能持有。
- 不再需要自己持有的对象时释放。
- 非自己持有的对象无法释放。

前两项“自己生成的对象，自己持有”和“非自己生成的对象，自己也能持有”只需通过对带 __strong 修饰符的变量赋值便可达成。通过废弃带 __strong 修饰符的变量（变量作用域结束或是成员变量所属对象废弃）或者对变量赋值，都可以做到“不再需要自己持有的对象时释放”。最后一项“非自己持有的对象无法释放”，由于不必再次键入 release，所以原本就不会执行。这些都满足于引用计数式内存管理的思考方式。

因为 id 类型和对象类型的所有权修饰符默认为 __strong 修饰符，所以不需要写上“__strong”。使 ARC 有效及简单的编程遵循了 Objective-C 内存管理的思考方式。

__weak 修饰符

看起来好像通过 __strong 修饰符编译器就能够完美地进行内存管理。但是遗憾的是，仅通过 __strong 修饰符是不能解决有些重大问题的。

这里提到的重大问题就是引用计数式内存管理中必然会发生的“循环引用”的问题。如图 1-17 所示。

图 1-17　循环引用

例如，前面出现的带有 __strong 修饰符的成员变量在持有对象时，很容易发生循环引用。

```
@interface Test : NSObject
{
    id __strong obj_;
}
- (void)setObject:(id __strong)obj;
@end

@implementation Test
- (id)init
{
    self = [super init];
```

```
    return self;
}

- (void)setObject:(id __strong)obj
{
    obj_ = obj;
}
@end
```

以下为循环引用。

```
{
    id test0 = [[Test alloc] init];

    id test1 = [[Test alloc] init];

    [test0 setObject:test1];

    [test1 setObject:test0];
}1
```

为便于理解，下面写出了生成并持有对象的状态。

```
{
    id test0 = [[Test alloc] init];  /* 对象 A */

    /*
     * test0 持有 Test 对象 A 的强引用
     */

    id test1 = [[Test alloc] init];  /* 对象 B */

    /*
     * test1 持有 Test 对象 B 的强引用
     */

    [test0 setObject:test1];

    /*
     * Test 对象 A 的 obj_ 成员变量持有 Test 对象 B 的强引用。
     *
     * 此时，持有 Test 对象 B 的强引用的变量为
     * Test 对象 A 的 obj_ 和 test1。
     */

    [test1 setObject:test0];

    /*
     * Test 对象 B 的 obj_ 成员变量持有 Test 对象 A 的强引用。
     *
     * 此时，持有 Test 对象 A 的强引用的变量为
     * Test 对象 B 的 obj_ 和 test0。
```

```
        */

    }    /*
          * 因为 test0 变量超出其作用域，强引用失效，
          * 所以自动释放 Test 对象 A。
          *
          * 因为 test1 变量超出其作用域，强引用失效，
          * 所以自动释放 Test 对象 B。
          *
          * 此时，持有 Test 对象 A 的强引用的变量为
          * Test 对象 B 的 obj_。
          *
          * 此时，持有 Test 对象 B 的强引用的变量为
          * Test 对象 A 的 obj_。
          *
          * 发生内存泄漏！
          *
          */
```

如图 1-18 所示。

图 1-18　类成员变量的循环引用

循环引用容易发生内存泄漏。所谓内存泄漏就是应当废弃的对象在超出其生存周期后继续存在。

此代码的本意是赋予变量 test0 的对象 A 和赋予变量 test1 的对象 B 在超出其变量作用域时被释放，即在对象不被任何变量持有的状态下予以废弃。但是，循环引用使得对象不能被再次废弃。

像下面这种情况，虽然只有一个对象，但在该对象持有其自身时，也会发生循环引用（自引用）。如图 1-19 所示。

```
id test = [[Test alloc] init];
[test setObject:test];
```

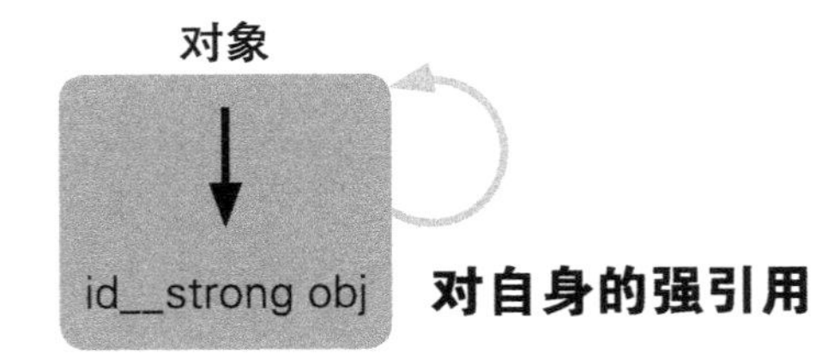

图 1-19　自引用

怎么样才能避免循环引用呢？看到 __strong 修饰符就会意识到了，既然有 strong，就应该有与之对应的 weak。也就是说，使用 __weak 修饰符可以避免循环引用。

__weak 修饰符与 __strong 修饰符相反，提供弱引用。弱引用不能持有对象实例。我们来看看下面的代码。

```
id __weak obj = [[NSObject alloc] init];
```

变量 obj 上附加了 __weak 修饰符。实际上如果编译以上代码，编译器会发出警告。

```
warning: assigning retained obj to weak variable; obj will be
      released after assignment [-Warc-unsafe-retained-assign]
        id __weak obj = [[NSObject alloc] init];
                  ^     ~~~~~~~~~~~~~~~~~~~~~~~
```

此源代码将自己生成并持有的对象赋值给附有 __weak 修饰符的变量 obj。即变量 obj 持有对持有对象的弱引用。因此，为了不以自己持有的状态来保存自己生成并持有的对象，生成的对象会立即被释放。编译器对此会给出警告。如果像下面这样，将对象赋值给附有 __strong 修饰符的变量之后再赋值给附有 __weak 修饰符的变量，就不会发生警告了。

```
{
    id __strong obj0 = [[NSObject alloc] init];
    id __weak obj1 = obj0;
}
```

下面确认对象的持有状况。

```
{
    /*
     * 自己生成并持有对象
     */

    id __strong obj0 = [[NSObject alloc] init];

    /*
     * 因为 obj0 变量为强引用，
     * 所以自己持有对象。
     */

    id __weak obj1 = obj0;

    /*
     * obj1 变量持有生成对象的弱引用
     */

}   /*
     * 因为 obj0 变量超出其作用域，强引用失效，
     * 所以自动释放自己持有的对象。
     * 因为对象的所有者不存在，所以废弃该对象。
     */
```

因为带 __weak 修饰符的变量（即弱引用）不持有对象，所以在超出其变量作用域时，对象即被释放。如果像下面这样将先前可能发生循环引用的类成员变量改成附有 __weak 修饰符的成员变量的话，该现象便可避免。如图 1-20 所示。

```
@interface Test : NSObject
{
    id __weak obj_;
}
- (void)setObject:(id __strong)obj;
@end
```

图 1-20　__weak 修饰符避免循环引用

__weak 修饰符还有另一优点。在持有某对象的弱引用时，若该对象被废弃，则此弱引用将自动失效且处于 nil 被赋值的状态（空弱应用）。如以下代码所示。

```
id __weak obj1 = nil;

{
    id __strong obj0 = [[NSObject alloc] init];

    obj1 = obj0;

    NSLog(@"A: %@", obj1);
}

NSLog(@"B: %@", obj1);
```

此源代码执行结果如下：

```
A: <NSObject: 0x753e180>
B: (null)
```

下面我们来确认一下对象的持有情况，看看为什么会得到这样的执行结果。

```
id __weak obj1 = nil;

{
    /*
     * 自己生成并持有对象
```

```
     */

    id __strong obj0 = [[NSObject alloc] init];

    /*
     * 因为 obj0 变量为强引用，
     * 所以自己持有对象
     */

    obj1 = obj0;

    /*
     * obj1 变量持有对象的弱引用
     */

    NSLog(@"A: %@", obj1);

    /*
     * 输出 obj1 变量持有的弱引用的对象
     */

}   /*
     * 因为 obj0 变量超出其作用域，强引用失效，
     * 所以自动释放自己持有的对象。
     * 因为对象无持有者，所以废弃该对象。
     *
     * 废弃对象的同时，
     * 持有该对象弱引用的 obj1 变量的弱引用失效，nil 赋值给 obj1。
     */

NSLog(@"B: %@", obj1);

/*
 * 输出赋值给 obj1 变量中的 nil
 */
```

像这样，使用 __weak 修饰符可避免循环引用。通过检查附有 __weak 修饰符的变量是否为 nil，可以判断被赋值的对象是否已废弃。

遗憾的是，__weak 修饰符只能用于 iOS5 以上及 OS X Lion 以上版本的应用程序。在 iOS4 以及 OS X Snow Leopard 的应用程序中可使用 __unsafe_unretained 修饰符来代替。

__unsafe_unretained 修饰符

__unsafe_unretained 修饰符正如其名 unsafe 所示，是不安全的所有权修饰符。尽管 ARC 式的内存管理是编译器的工作，但附有 __unsafe_unretained 修饰符的变量不属于编译器的内存管理对象。这一点在使用时要注意。

```
id __unsafe_unretained obj = [[NSObject alloc] init];
```

该源代码将自己生成并持有的对象赋值给附有 __unsafe_unretained 修饰符的变量中。虽然使

用了 unsafe 的变量，但编译器并不会忽略，而是给出适当的警告。

```
warning: assigning retained obj to unsafe_unretained variable;
      obj will be released after assignment [-Warc-unsafe-retained-assign]
    id __unsafe_unretained obj = [[NSObject alloc] init];
                           ^     ~~~~~~~~~~~~~~~~~~~~~~~
```

附有 __unsafe_unretained 修饰符的变量同附有 __weak 修饰符的变量一样，因为自己生成并持有的对象不能继续为自己所有，所以生成的对象会立即被释放。到这里，__unsafe_unretained 修饰符和 __weak 修饰符是一样的，下面我们来看看源代码的差异。

```
id __unsafe_unretained obj1 = nil;

{
    id __strong obj0 = [[NSObject alloc] init];

    obj1 = obj0;

    NSLog(@"A: %@", obj1);
}

NSLog(@"B: %@", obj1);
```

该源代码的执行结果为：

```
A: <NSObject: 0x753e180>
B: <NSObject: 0x753e180>
```

我们还像以前那样，通过确认对象的持有情况来理解发生了什么。

```
id __unsafe_unretained obj1 = nil;

{
    /*
     * 自己生成并持有对象
     */

    id __strong obj0 = [[NSObject alloc] init];

    /*
     * 因为 obj0 变量为强引用，
     * 所以自己持有对象。
     */

    obj1 = obj0;

    /*
     * 虽然 obj0 变量赋值给 obj1，
     * 但是 obj1 变量既不持有对象的强引用也不持有弱引用
     */
```

```
        NSLog(@"A: %@", obj1);

        /*
         * 输出 obj1 变量表示的对象
         */

    }   /*
         * 因为 obj0 变量超出其作用域，强引用失效，
         * 所以自动释放自己持有的对象。
         * 因为对象无持有者，所以废弃该对象。
         */

    NSLog(@"B: %@", obj1);

    /*
     * 输出 obj1 变量表示的对象
     *
     * obj1 变量表示的对象
     * 已经被废弃（悬垂指针）!
     * 错误访问!
     */
```

也就是说，最后一行的 NSLog 只是碰巧正常运行而已。虽然访问了已经被废弃的对象，但应用程序在个别运行状况下才会崩溃。

在使用 __unsafe_unretained 修饰符时，赋值给附有 __strong 修饰符的变量时有必要确保被赋值的对象确实存在。

但是，在使用前，让我们再一次想想为什么需要使用附有 __unsafe_unretained 修饰符的变量。

比如在 iOS4 以及 OS X Snow Leopard 的应用程序中，必须使用 __unsafe_unretained 修饰符来替代 __weak 修饰符。赋值给附有 __unsafe_unretained 修饰符变量的对象在通过该变量使用时，如果没有确保其确实存在，那么应用程序就会崩溃。

__autoreleasing 修饰符

ARC 有效时 autorelease 会如何呢？实际上，后面讲到的原则中也会说明（参考 1.3.3 节），不能使用 autorelease 方法。另外，也不能使用 NSAutoreleasePool 类。这样一来，虽然 autorelease 无法直接使用，但实际上，ARC 有效时 autorelease 功能是起作用的。

ARC 无效时会像下面这样来使用：

```
/* ARC 无效 */

NSAutoreleasePool *pool = [[NSAutoreleasePool alloc] init];

id obj = [[NSObject alloc] init];

[obj autorelease];

[pool drain];
```

ARC 有效时，该源代码也能写成下面这样：

```
@autoreleasepool {

    id __autoreleasing obj = [[NSObject alloc] init];

}
```

指定“@autoreleasepool 块”来替代“NSAutoreleasePool 类对象生成、持有以及废弃”这一范围。

另外，ARC 有效时，要通过将对象赋值给附加了 __autoreleasing 修饰符的变量来替代调用 autorelease 方法。对象赋值给附有 __autoreleasing 修饰符的变量等价于在 ARC 无效时调用对象的 autorelease 方法，即对象被注册到 autoreleasepool。

也就是说可以理解为，在 ARC 有效时，用 @autoreleasepool 块替代 NSAutoreleasePool 类，用附有 __autoreleasing 修饰符的变量替代 autorelease 方法。如图 1-21 所示。

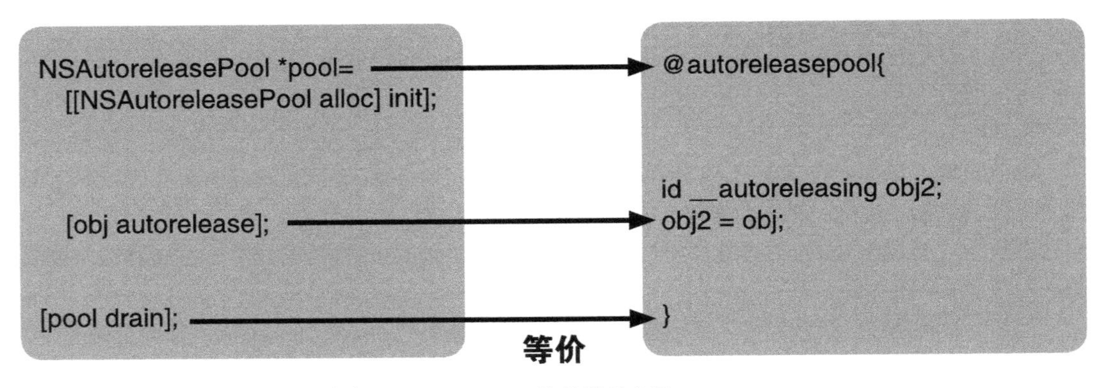

图 1-21　@autoreleasepool 和附有 __autoreleasing 修饰符的变量

但是，显式地附加 __autoreleasing 修饰符同显式地附加 __strong 修饰符一样罕见。

我们通过实例来看看为什么非显式地使用 __autoreleasing 修饰符也可以。

取得非自己生成并持有的对象时，如同以下源代码，虽然可以使用 alloc/new/copy/mutableCopy 以外的方法来取得对象，但该对象已被注册到了 autoreleasepool。这同在 ARC 无效时取得调用了 autorelease 方法的对象是一样的。这是由于编译器会检查方法名是否以 alloc/new/copy/mutableCopy 开始，如果不是则自动将返回值的对象注册到 autoreleasepool。

另外，根据后面要讲到的遵守内存管理方法命名规则（参考 1.3.4 节），init 方法返回值的对象不注册到 autoreleasepool。

```
@autoreleasepool {
    id __strong obj = [NSMutableArray array];
}
```

我们再来看看该源代码中对象的所有状况。

```
@autoreleasepool {
    /*
     * 取得非自己生成并持有的对象
     */

    id __strong obj = [NSMutableArray array];

    /*
     * 因为变量 obj 为强引用,
     * 所以自己持有对象。
     *
     * 并且该对象
     * 由编译器判断其方法名后
     * 自动注册到 autoreleasepool
     */

}   /*
     * 因为变量 obj 超出其作用域,强引用失效,
     * 所以自动释放自己持有的对象。
     *
     * 同时,随着 @autoreleasepool 块的结束,
     * 注册到 autoreleasepool 中的
     * 所有对象被自动释放。
     *
     * 因为对象的所有者不存在,所以废弃对象。
     */
```

像这样，不使用 __autoreleasing 修饰符也能使对象注册到 autoreleasepool。以下为取得非自己生成并持有对象时被调用方法的源代码示例。

```
+ (id) array
{
    return [[NSMutableArray alloc] init];
}
```

该源代码也没有使用 __autoreleasing 修饰符，可写成以下形式。

```
+ (id) array
{

    id obj = [[NSMutableArray alloc] init];

    return obj;

}
```

因为没有显式指定所有权修饰符，所以 id obj 同附有 __strong 修饰符的 id __strong obj 是完全一样的。由于 return 使得对象变量超出其作用域，所以该强引用对应的自己持有的对象会被自动释放，但该对象作为函数的返回值，编译器会自动将其注册到 autoreleasepool。

以下为使用 __weak 修饰符的例子。虽然 __weak 修饰符是为了避免循环引用而使用的，但

在访问附有 __weak 修饰符的变量时，实际上必定要访问注册到 autoreleasepool 的对象。

```
id __weak obj1 = obj0;

NSLog(@"class=%@", [obj1 class]);
```

以下源代码与此相同。

```
id __weak obj1 = obj0;

id __autoreleasing tmp = obj1;

NSLog(@"class=%@", [tmp class]);
```

为什么在访问附有 __weak 修饰符的变量时必须访问注册到 autoreleasepool 的对象呢？这是因为 __weak 修饰符只持有对象的弱引用，而在访问引用对象的过程中，该对象有可能被废弃。如果把要访问的对象注册到 autoreleasepool 中，那么在 @autoreleasepool 块结束之前都能确保该对象存在。因此，在使用附有 __weak 修饰符的变量时就必定要使用注册到 autoreleasepool 中的对象。

最后一个可非显式地使用 __autoreleasing 修饰符的例子，同前面讲述的 id obj 和 id __strong obj 完全一样。那么 id 的指针 id *obj 又如何呢？可以由 id __strong obj 的例子类推出 id __strong *obj 吗？其实，推出来的是 id __autoreleasing *obj。同样地，对象的指针 NSObject **obj 便成为了 NSObject * __autoreleasing *obj。

像这样，id 的指针或对象的指针在没有显式指定时会被附加上 __autoreleasing 修饰符。

比如，为了得到详细的错误信息，经常会在方法的参数中传递 NSError 对象的指针，而不是函数返回值。Cocoa 框架中，大多数方法也使用这种方式，如 NSString 的 stringWithContentsOfFile:encoding:error 类方法等。使用该方式的源代码如下所示。

```
NSError *error = nil;
BOOL result = [obj performOperationWithError:&error];
```

该方法的声明为：

```
- (BOOL) performOperationWithError:(NSError **)error;
```

同前面讲述的一样，id 的指针或对象的指针会默认附加上 __autoreleasing 修饰符，所以等同于以下源代码。

```
- (BOOL) performOperationWithError:(NSError * __autoreleasing *)error;
```

参数中持有 NSError 对象指针的方法，虽然为响应其执行结果，需要生成 NSError 类对象，但也必须符合内存管理的思考方式。

作为 alloc/new/copy/mutableCopy 方法返回值取得的对象是自己生成并持有的，其他情况下便是取得非自己生成并持有的对象。因此，使用附有 __autoreleasing 修饰符的变量作为对象取得参数，与除 alloc/new/copy/mutableCopy 外其他方法的返回值取得对象完全一样，都会注册到 autoreleasepool，并取得非自己生成并持有的对象。

比如 performOperationWithError 方法的源代码就应该是下面这样：

```
- (BOOL) performOperationWithError:(NSError * __autoreleasing *)error
{
    /* 错误发生 */

    *error = [[NSError alloc]
initwithDomain:MyAppDomain code:errorCode userInfo:nil];
    return NO;
}
```

因为声明为 NSError * __autoreleasing * 类型的 error 作为 *error 被赋值，所以能够返回注册到 autoreleasepool 中的对象。

然而，下面的源代码会产生编译器错误。

```
NSError *error = nil;
NSError **pError = &error;
```

赋值给对象指针时，所有权修饰符必须一致。

```
error: initializing 'NSError *__autoreleasing *' with an expression
      of type 'NSError *__strong *' changes retain/release properties of pointer
    NSError **pError = &error;
             ^         ~~~~~~
```

此时，对象指针必须附加 __strong 修饰符。

```
NSError *error = nil;
NSError * __strong *pError = &error;
/* 编译正常 */
```

当然，对于其他所有权修饰符也是一样。

```
NSError __weak *error = nil;
NSError * __weak *pError = &error;
/* 编译正常 */

NSError __unsafe_unretained *unsafeError = nil;
NSError * __unsafe_unretained *pUnsafeError = &unsafeError;
/* 编译正常 */
```

前面的方法参数中使用了附有 __autoreleasing 修饰符的对象指针类型。

```
- (BOOL) performOperationWithError:(NSError * __autoreleasing *)error;
```

然而调用方却使用了附有 __strong 修饰符的对象指针类型。

```
NSError __strong *error = nil;
BOOL result = [obj performOperationWithError:&error];
```

对象指针型赋值时，其所有权修饰符必须一致，但为什么该源代码没有警告就顺利通过编译了呢？实际上，编译器自动地将该源代码转化成了下面形式。

```
NSError __strong *error = nil;
NSError __autoreleasing *tmp = error;
BOOL result = [obj performOperationWithError:&tmp];
error = tmp;
```

当然也可以显式地指定方法参数中对象指针类型的所有权修饰符。

```
- (BOOL) performOperationWithError:(NSError * __strong *)error;
```

像该源代码的声明一样，对象不注册到 autoreleasepool 也能够传递。但是前面也说过，只有作为 alloc/new/copy/mutableCopy 方法的返回值而取得对象时，能够自己生成并持有对象。其他情况即为“取得非自己生成并持有的对象”，这些务必牢记。为了在使用参数取得对象时，贯彻内存管理的思考方式，我们要将参数声明为附有 __autoreleasing 修饰符的对象指针类型。

另外，虽然可以非显式地指定 __autoreleasing 修饰符，但在显式地指定 __autoreleasing 修饰符时，必须注意对象变量要为自动变量（包括局部变量、函数以及方法参数）。

下面我们换个话题，详细了解一下 @autoreleasepool。如以下源代码所示，ARC 无效时，可将 NSAutoreleasePool 对象嵌套使用。

```
/* ARC 无效 */

NSAutoreleasePool *pool0 = [[NSAutoreleasePool alloc] init];

    NSAutoreleasePool *pool1 = [[NSAutoreleasePool alloc] init];

        NSAutoreleasePool *pool2 = [[NSAutoreleasePool alloc] init];

        id obj = [[NSObject alloc] init];
        [obj autorelease];

        [pool2 drain];

    [pool1 drain];

[pool0 drain];
```

同样地，@autoreleasepool 块也能够嵌套使用。

```
@autoreleasepool {

    @autoreleasepool {

        @autoreleasepool {

            id __autoreleasing obj = [[NSObject alloc] init];

        }

    }

}
```

比如，在 iOS 应用程序模板中，像下面的 main 函数一样，@autoreleasepool 块包含了全部程序。

```
int main(int argc, char *argv[])
{
    @autoreleasepool {
        return UIApplicationMain(argc, argv, nil,
            NSStringFromClass([AppDelegate class]));
    }
}
```

NSRunLoop 等实现不论 ARC 有效还是无效，均能够随时释放注册到 autoreleasepool 中的对象。

另外，如果编译器版本为 LLVM 3.0 以上，即使 ARC 无效 @autoreleasepool 块也能够使用，如以下源代码所示。

```
/* ARC 无效 */

@autoreleasepool {

    id obj = [[NSObject alloc] init];

    [obj autorelease];

}
```

因为 autoreleasepool 范围以块级源代码表示，提高了程序的可读性，所以今后在 ARC 无效时也推荐使用 @autoreleasepool 块。

另外，无论 ARC 是否有效，调试用的非公开函数 _objc_autoreleasePoolPrint()（参考 1.2.7 节）都可使用。

```
_objc_autoreleasePoolPrint();
```

利用这一函数可有效地帮助我们调试注册到 autoreleasepool 上的对象。

专栏 __strong 修饰符 /__weak 修饰符

附有 __strong 修饰符、__weak 修饰符的变量类似于 C++ 中的智能指针 std::shared_ptr 和 std::weak_ptr。std::shared_ptr 可通过引用计数来持有 C++ 类实例，std::weak_ptr 可避免循环引用。在不得不使用没有 __strong 修饰符 /__weak 修饰符的 C++ 时，强烈推荐使用这两种智能指针。

- 1999 年 boost::shared_ptr 作为 Boost C++ 库的一部分发布
- 2002 年追加 boost::weak_ptr
- 2005 年标准 C++ 库草案 TR1 被采用（在部分环境下可使用 std::shared_ptr 和 std::weak_ptr）
- 采用 C++ 标准规格 C++11（通称 C++0x）

1.3.4 规则

在 ARC 有效的情况下编译源代码，必须遵守一定的规则。下面就是具体的 ARC 的规则。

- 不能使用 retain/release/retainCount/autorelease
- 不能使用 NSAllocateObject/NSDeallocateObject
- 须遵守内存管理的方法命名规则
- 不要显式调用 dealloc
- 使用 @autoreleasepool 块替代 NSAutoreleasePool
- 不能使用区域（NSZone）
- 对象型变量不能作为 C 语言结构体（struct/union）的成员
- 显式转换“id”和“void *”

下面详细解释各项。

不能使用 retain/release/retainCount/autorelease

内存管理是编译器的工作，因此没有必要使用内存管理的方法（retain/release/retainCount/autorelease）。以下摘自苹果的官方说明。

“设置 ARC 有效时，无需再次键入 retain 或 release 代码。”

实际上，在 ARC 有效时，如果编译器使用了这些方法的源代码，就会出现如下错误：

```
error: ARC forbids explicit message send of 'release'
     [o release];
      ^ ~~~~~~~
```

一旦使用便会出现编译错误，因此可更准确地描述为：

“设置 ARC 有效时，禁止再次键入 retain 或者是 release 代码。”

retainCount 和 release 都会引起编译错误，因此不能使用以下代码。

```
for (;;) {
    NSUInteger count = [obj retainCount];
    [obj release];
    if (count == 1)
        break;
}
```

ARC 被设置为无效时，该源代码也完全不符合引用计数式内存管理的思考方式，也就是说它在任何情况下都无法使用，所以没有问题。

总之，只能在 ARC 无效且手动进行内存管理时使用 retain/release/retainCount/autorelease 方法。

不能使用 NSAllocateObject/NSDeallocateObject

一般通过调用 NSObject 类的 alloc 类方法来生成并持有 Objective-C 对象。

```
id obj = [NSObject alloc];
```

但是就如 GNUstep 的 alloc 实现所示，实际上是通过直接调用 NSAllocateObject 函数[①]来生成并持有对象的。

在 ARC 有效时，禁止使用 NSAllocateObject 函数。同 retain 等方法一样，如果使用便会引起编译错误。

```
error: 'NSAllocateObject' is unavailable:
    not available in automatic reference counting mode
```

同样地，也禁止使用用于释放对象的 NSDeallocateObject 函数。

须遵守内存管理的方法命名规则

如 1.2.2 节所示，在 ARC 无效时，用于对象生成 / 持有的方法必须遵守以下的命名规则。

- alloc
- new
- copy
- mutableCopy

以上述名称开始的方法在返回对象时，必须返回给调用方所应当持有的对象。这在 ARC 有

---

① http://developer.apple.com/library/mac/documentation/Cocoa/Reference/Foundation/Miscellaneous/Foundation_Functions/Reference/reference.html#//apple_rec/c/func/NSAllocateObject。

效时也一样，返回的对象完全没有改变。只是在 ARC 有效时要追加一条命名规则。

- init

以 init 开始的方法的规则要比 alloc/new/copy/mutableCopy 更严格。该方法必须是实例方法，并且必须要返回对象。返回的对象应为 id 类型或该方法声明类的对象类型，抑或是该类的超类型或子类型。该返回对象并不注册到 autoreleasepool 上。基本上只是对 alloc 方法返回值的对象进行初始化处理并返回该对象。

以下为使用该方法的源代码。

```
id obj = [[NSObject alloc] init];
```

如此源代码所示，init 方法会初始化 alloc 方法返回的对象，然后原封不动地返还给调用方。下面我们来看看以 init 开始的方法的命名规则。

```
- (id) initWithObject:(id)obj;
```

该方法声明遵守了命名规则，但像下面这个方法虽然也以 init 开始，却没有返回对象，因此不能使用。

```
- (void) initThisObject;
```

另外，下例虽然也是以 init 开始的方法但并不包含在上述命名规则里。请注意。

```
- (void) initialize;
```

不要显式调用 dealloc

无论 ARC 是否有效，只要对象的所有者都不持有该对象，该对象就被废弃。对象被废弃时，不管 ARC 是否有效，都会调用对象的 dealloc 方法。

```
- (void) dealloc
{
    /*
     * 此处运行该对象被废弃时
     * 必须实现的代码
     */
}
```

例如使用 C 语言库，在该库内部分配缓存时，如以下所示，dealloc 方法需要通过 free 来释放留出的内存。

```
- (void) dealloc
{
```

```
    free(buffer_);
}
```

dealloc 方法在大多数情况下还适用于删除已注册的代理或观察者对象。

```
- (void) dealloc
{
    [[NSNotificationCenter defaultCenter] removeObserver:self];
}
```

另外，在 ARC 无效时必须像下面这样调用 [super dealloc]。

```
/* ARC 无效 */

- (void) dealloc
{
    /* 该对象用的处理 */

    [super dealloc];
}
```

ARC 有效时会遵循无法显式调用 dealloc 这一规则，如果使用就会同 release 等方法一样，引起编译错误。

```
error: ARC forbids explicit message send of 'dealloc'
    [super dealloc];
     ^    ~~~~~~~
```

ARC 会自动对此进行处理，因此不必书写 [super dealloc]。dealloc 中只需记述废弃对象时所必需的处理。

使用 @autoreleasepool 块替代 NSAutoreleasePool

如 __autoreleasing 修饰符项所述（参考 1.3.3 节），ARC 有效时，使用 @autoreleasepool 块替代 NSAutoreleasePool。

NSAutoreleasePool 类不可使用时便会引起编译器报错。

```
error: 'NSAutoreleasePool' is unavailable:
    not available in automatic reference counting mode
    NSAutoreleasePool *pool = [[NSAutoreleasePool alloc] init];
    ^
```

不能使用区域（NSZone）

虽说 ARC 有效时，不能使用区域（NSZone）。正如前所述（参考 1.2.3 节），不管 ARC 是否有效，区域在现在的运行时系统（编译器宏 __OBJC2__ 被设定的环境）中已单纯地被忽略。

对象型变量不能作为 C 语言结构体的成员

C 语言的结构体（struct 或 union）成员中，如果存在 Objective-C 对象型变量，便会引起编译错误。

```
struct Data {
    NSMutableArray *array;
};
```

```
error: ARC forbids Objective-C objs in structs or unions
    NSMutableArray *array;
```

虽然是 LLVM 编译器 3.0，但不论怎样，C 语言的规约上没有方法来管理结构体成员的生存周期[①]。因为ARC把内存管理的工作分配给编译器，所以编译器必须能够知道并管理对象的生存周期。例如 C 语言的自动变量（局部变量）可使用该变量的作用域管理对象。但是对于 C 语言的结构体成员来说，这在标准上就是不可实现的。

要把对象型变量加入到结构体成员中时，可强制转换为 void *（见下一条规则）或是附加前面所述的 __unsafe_unretained 修饰符（参考 1.3.3 节）。

```
struct Data {
    NSMutableArray __unsafe_unretained *array;
};
```

如前所述，附有 __unsafe_unretained 修饰符的变量不属于编译器的内存管理对象。如果管理时不注意赋值对象的所有者，便有可能遭遇内存泄漏或程序崩溃。这点在使用时应多加注意。

显式转换 id 和 void *

在 ARC 无效时，像以下代码这样将 id 变量强制转换 void * 变量并不会出问题。

```
/* ARC 无效 */

id obj = [[NSObject alloc] init];

void *p = obj;
```

更进一步，将该 void * 变量赋值给 id 变量中，调用其实例方法，运行时也不会有问题。

```
/* ARC 无效 */

id o = p;

[o release];
```

---

① LLVM Document: Automatic Reference Counting: 4.3.5. Ownership-qualified fields of structs and unions http://clang.llvm.org/docs/AutomaticReferenceCounting.html#ownership.restrictions.records。

但是在 ARC 有效时这便会引起编译错误。

```
error: implicit conversion of an Objective-C pointer
    to 'void *' is disallowed with ARC
    void *p = obj;
              ^

error: implicit conversion of a non-Objective-C pointer
    type 'void *' to 'id' is disallowed with ARC
    id o = p;
            ^
```

id 型或对象型变量赋值给 void * 或者逆向赋值时都需要进行特定的转换。如果只想单纯地赋值，则可以使用“__bridge 转换”。

```
id obj = [[NSObject alloc] init];

void *p = (__bridge void *)obj;

id o = (__bridge id)p;
```

像这样，通过“__bridge 转换”，id 和 void * 就能够相互转换。

但是转换为 void * 的 __bridge 转换，其安全性与赋值给 __unsafe_unretained 修饰符相近，甚至会更低。如果管理时不注意赋值对象的所有者，就会因悬垂指针而导致程序崩溃。

__bridge 转换中还有另外两种转换，分别是“__bridge_retained 转换”和“__bridge_transfer 转换”

```
id obj = [[NSObject alloc] init];

void *p = (__bridge_retained void *)obj;
```

__bridge_retained 转换可使要转换赋值的变量也持有所赋值的对象。下面我们来看 ARC 无效时的源代码是如何编写的。

```
/* ARC 无效 */

id obj = [[NSObject alloc] init];

void *p = obj;
[(id)p retain];
```

__bridge_retained 转换变为了 retain。变量 obj 和变量 p 同时持有对象。再来看几个其他的例子。

```
void *p = 0;

{
    id obj = [[NSObject alloc] init];
```

```
    p = (__bridge_retained void *)obj;
}

NSLog(@"class=%@", [(__bridge id)p class]);
```

变量作用域结束时，虽然随着持有强引用的变量 obj 失效，对象随之释放，但由于 __bridge_retained 转换使变量 p 看上去处于持有该对象的状态，因此该对象不会被废弃。下面我们比较一下 ARC 无效时的代码是怎样的。

```
/* ARC 无效 */

void *p = 0;

{
    id obj = [[NSObject alloc] init];
    /* [obj retainCount] -> 1 */

    p = [obj retain];
    /* [obj retainCount] -> 2 */

    [obj release];
    /* [obj retainCount] -> 1 */
}

/*
 * [(id)p retainCount] -> 1
 * 即
 * [obj retainCount] -> 1
 * 对象仍存在
 */

NSLog(@"class=%@", [(__bridge id)p class]);
```

__bridge_transfer 转换提供与此相反的动作，被转换的变量所持有的对象在该变量被赋值给转换目标变量后随之释放。

```
id obj = (__bridge_transfer id)p;
```

该源代码在 ARC 无效时又如何表述呢？

```
/* ARC 无效 */

id obj = (id)p;
[obj retain];
[(id)p release];
```

同 __bridge_retained 转换与 retain 类似，__bridge_transfer 转换与 release 相似。在给 id obj 赋值时 retain 即相当于 __strong 修饰符的变量。

如果使用以上两种转换，那么不使用 id 型或对象型变量也可以生成、持有以及释放对象。虽然可以这样做，但在 ARC 中并不推荐这种方法。使用时还请注意。

```
void *p = (__bridge_retained void *)[[NSObject alloc] init];
NSLog(@"class=%@", [(__bridge id)p class]);
(void)(__bridge_transfer id)p;
```

该源代码与 ARC 无效时的下列源代码相同。

```
/* ARC 无效 */

id p = [[NSObject alloc] init];
NSLog(@"class=%@", [p class]);
[p release];
```

这些转换多数使用在 Objective-C 对象与 Core Foundation 对象之间的相互变换中。

专栏 Objective-C 对象与 Core Foundation 对象

Core Foundation 对象主要使用在用 C 语言编写的 Core Foundation 框架中，并使用引用计数的对象。在 ARC 无效时，Core Foundation 框架中的 retain/release 分别是 CFRetain/CFRelease。

Core Foundation 对象与 Objective-C 对象的区别很小，不同之处只在于是由哪一个框架（Foundation 框架还是 Core Foundation 框架）所生成的。无论是由哪种框架生成的对象，一旦生成之后，便能在不同的框架中使用。Foundation 框架的 API 生成并持有的对象可以用 Core Foundation 框架的 API 释放。当然，反过来也是可以的。

因为 Core Foundation 对象与 Objective-C 对象没有区别，所以在 ARC 无效时，只用简单的 C 语言的转换也能实现互换。另外这种转换不需要使用额外的 CPU 资源，因此也被称为“免费桥”（Toll–Free Bridge）。

Toll–Free Bridge 类一览可参考以下文档。

- Toll-Free Bridged Types　http://developer.apple.com/library/mac/documentation/CoreFoundation/Conceptual/CFDesignConcepts/Articles/tollFreeBridgedTypes.html

以下函数可用于 Objective-C 对象与 Core Foundation 对象之间的相互变换，即 Toll-Free Bridge 转换。

```
CFTypeRef CFBridgingRetain(id X) {
    return (__bridge_retained CFTypeRef)X;
}

id CFBridgingRelease(CFTypeRef X) {
    return (__bridge_transfer id)X;
}
```

我们来看看到底是如何使用的。以下将生成并持有的NSMutableArray对象作为Core Foundation对象来处理。

```
CFMutableArrayRef cfObject = NULL;
{
    id obj = [[NSMutableArray alloc] init];
    cfObject = CFBridgingRetain(obj);
    CFShow(cfObject);
    printf("retain count = %d\n", CFGetRetainCount(cfObject));
}
printf("retain count after the scope = %d\n", CFGetRetainCount(cfObject));
CFRelease(cfObject);
```

该源代码正常运行后，会输出以下结果。()表示空的数组。

```
(
)
retain count = 2
retain count after the scope = 1
```

由此可知，Foundation框架的API生成并持有的Objective-C对象能够作为Core Foundation对象来使用。也可以通过CFRelease来释放。当然，也可以使用__bridge_retained转换来替代CFBridgingRetain。大家可选用自己更熟悉的方法。

```
CFMutableArrayRef cfObject = (__bridge_retained CFMutableArrayRef)obj;
```

以下基于CFGetRetainCount的值来确认对象的所有状况。

```
CFMutableArrayRef cfObject = NULL;
{
    id obj = [[NSMutableArray alloc] init];

    /*
     * 变量obj持有对生成并持有对象的强引用。
     */

    cfObject = CFBridgingRetain(obj);
    /*
     * 通过CFBridgingRetain，
     * 将对象CFRetain，
     * 赋值给变量cfObject。
     */

    CFShow(cfObject);
    printf("retain count = %d\n",CFGetRetainCount(cfObject));

    /*
     * 通过变量obj的强引用和
     * 通过CFBridgingRetain，
     * 引用计数为2。
```

```
        */

}    /*
      * 因为变量 obj 超出其作用域，所以其强引用失效，
      * 引用计数为 1。
      */

printf("retain count after the scope = %d\n", CFGetRetainCount(cfObject));

CFRelease(cfObject);

/*
 * 因为将对象 CFRelease，所以其引用计数为 0，
 * 故该对象被废弃。
 */
```

使用 __bridge 转换来替代 CFBridgingRetain 或 __bridge_retained 转换时，源代码会变成什么样呢？

```
CFMutableArrayRef cfObject = NULL;
{
    id obj = [[NSMutableArray alloc] init];

    /*
     * 变量 obj 持有对生成并持有对象的强引用。
     */

    cfObject = (__bridge CFMutableArrayRef)obj;
    CFShow(cfObject);
    printf("retain count = %d\n",CFGetRetainCount(cfObject));

    /*
     * 因为 __bridge 转换不改变对象的持有状况，
     * 所以只有通过变量 obj 的强引用，
     * 引用计数为 1。
     */

}   /*
     * 因为变量 obj 超出其作用域，
     * 所以其强引用失效，对象得到释放，
     * 无持有者的对象被废弃。
     */

/*
 * 此后对对象的访问出错！（悬垂指针）
 */

printf("retain count after the scope = %d\n", CFGetRetainCount(cfObject));

CFRelease(cfObject);
```

由此可知，CFBridgingRetain 或者 __bridge_retained 转换是不可或缺的。

这次反过来，将使用 Core Foundation 的 API 生成并持有对象，将该对象作为 NSMutableArray 对象来处理。

```
{
    CFMutableArrayRef cfObject =
        CFArrayCreateMutable(kCFAllocatorDefault, 0, NULL);
    printf("retain count = %d\n", CFGetRetainCount(cfObject));
    id obj = CFBridgingRelease(cfObject);
    printf("retain count after the cast = %d\n", CFGetRetainCount(cfObject));
    NSLog(@"class=%@", obj);
}
```

由此可知，与之前相反的由 Core Foundation 框架的 API 生成并持有的 Core Foundation 对象也能够作为 Objective-C 对象来使用。其运行结果如下：

```
retain count = 1
retain count after the cast = 1
```

当然也可使用 __bridge_transfer 转换替代 CFBridgingRelease。

```
id obj = (__bridge_transfer id)cfObject;
```

此处也要基于 CFGetRetainCount 的值来确认对象的持有状况。

```
{
    CFMutableArrayRef cfObject =
      CFArrayCreateMutable ( kCFAllocatorDefault, 0, NULL ) ;
    printf ( "retain count = %d\n", CFGetRetainCount ( cfObject )) ;

    /*
     * Core Foundation 框架的 API 生成并持有对象
     * 之后的对象引用计数为 “1”。
     */

    id obj = CFBridgingRelease ( cfObject ) ;

    /*
     * 通过 CFBridgingRelease 赋值，
     * 变量 obj 持有对象强引用的同时
     * 对象通过 CFRelease 释放。
     */

    printf( "retain count after the cast = %d\n", CFGetRetainCount( cfObject ));

    /*
     * 因为只有变量 obj
     * 持有对生成并持有对象的强引用，
     * 故引用计数为 “1”。
     *
     *另外，因为经由 CFBridgingRelease 转换后，
     * 赋值给变量 cfObject 中的指针
```

```
      * 也指向仍然存在的对象,
      * 所以可以正常使用。
      */

    NSLog(@"class=%@", obj);

}   /*
      * 因为变量 obj 超出其作用域,
      * 所以其强引用失效,对象得到释放,
      * 无所有者的对象随之被废弃。
      */
```

以下为用 __bridge 转换替代 CFBridgingRelease 或 __bridge_transfer 转换的情形。

```
{
    CFMutableArrayRef cfObject =
        CFArrayCreateMutable(kCFAllocatorDefault, 0, NULL);
    printf("retain count = %d\n", CFGetRetainCount(cfObject));

    /*
     * Core Foundation 框架生成并持有对象
     * 之后的对象引用计数为“1”。
     */

    id obj = (__bridge id)cfObject;

    /*
     * 因为赋值给附有 __strong 修饰符的变量中,
     * 所以发生强引用。
     */

    printf("retain count after the cast = %d\n", CFGetRetainCount(cfObject));

    /*
     * 因为变量 obj 持有对象强引用且
     * 对象没有进行 CFRelease,
     * 所以引用计数为“2”。
     */

    NSLog(@"class=%@", obj);

}   /*
     * 因为变量 obj 超出其作用域,
     * 所以其强引用失效,对象得以释放。
     */

/*
 * 因为引用计数为“1”,所以对象仍然存在。
 * 发生内存泄漏!
 */
```

因此,必须恰当使用 CFBridgingRetain/CFBridgingRelease 或者 __bridge_retained/__bridge_transfer 转换。在将 Objective-C 变量赋值给 C 语言变量,即没有附加所有权修饰符的 void * 等指

针型变量时，伴随着一定的风险。在实现代码时要高度重视。

1.3.5 属性

当 ARC 有效时，Objective-C 类的属性也会发生变化。

```
@property (nonatomic, strong) NSString *name;
```

当 ARC 有效时，以下可作为这种属性声明中使用的属性来用。如表 1-3 所示。

表 1-3 属性声明的属性与所有权修饰符的对应关系

属性声明的属性	所有权修饰符
assign	__unsafe_unretained 修饰符
copy	__strong 修饰符（但是赋值的是被复制的对象）
retain	__strong 修饰符
strong	__strong 修饰符
unsafe_unretained	__unsafe_unretained 修饰符
weak	__weak 修饰符

以上各种属性赋值给指定的属性中就相当于赋值给附加各属性对应的所有权修饰符的变量中。只有 copy 属性不是简单的赋值，它赋值的是通过 NSCopying 接口的 copyWithZone: 方法复制赋值源所生成的对象。

另外，在声明类成员变量时，如果同属性声明中的属性不一致则会引起编译错误。比如下面这种情况。

```
id obj;
```

在声明 id 型 obj 成员变量时，像下面这样，定义其属性声明为 weak。

```
@property (nonatomic, weak) id obj;
```

编译器出现如下错误。

```
error: existing ivar 'obj' for __weak property 'obj' must be __weak
    @synthesize obj;
                ^
    note: property declared here
    @property (nonatomic, weak) id obj;
```

此时，成员变量的声明中需要附加 __weak 修饰符。

```
    id __weak obj;
```

或者使用 strong 属性替代 weak 属性。

```
@property (nonatomic, strong) id obj;
```

1.3.6 数组

以下是将附有 __strong 修饰符的变量作为静态数组使用的情况。

```
id objs[10];
```

__weak 修饰符，__autoreleasing 修饰符以及 __unsafe_unretained 修饰符也与此相同。

```
id __weak objs[10];
```

__unsafe_unretained 修饰符以外的 __strong/__weak/__autoreleasing 修饰符保证其指定的变量初始化为 nil。同样地，附有 __strong/__weak/__autoreleasing 修饰符变量的数组也保证其初始化为 nil。下面我们就来看看数组中使用附有 __strong 修饰符变量的例子。

```
{
    id objs[2];
    objs[0] = [[NSObject alloc] init];
    objs[1] = [NSMutableArray array];
}
```

数组超出其变量作用域时，数组中各个附有 __strong 修饰符的变量也随之失效，其强引用消失，所赋值的对象也随之释放。这与不使用数组的情形完全一样。

将附有 __strong 修饰符的变量作为动态数组来使用时又如何呢？在这种情况下，根据不同的目的选择使用 NSMutableArray、NSMutableDictionary、NSMutableSet 等 Foundation 框架的容器。这些容器会恰当地持有追加的对象并为我们管理这些对象。

像这样使用容器虽然更为合适，但在 C 语言的动态数组中也可以使用附有 __strong 修饰符的变量，只是必须要遵守一些事项。以下按顺序说明。

声明动态数组用指针。

```
id __strong *array = nil;
```

如前所述，由于“id * 类型”默认为“id __autoreleasing * 类型”，所以有必要显式指定为 __strong 修饰符。另外，虽然保证了附有 __strong 修饰符的 id 型变量被初始化为 nil，但并不保证附有 __strong 修饰符的 id 指针型变量被初始化为 nil。

另外，使用类名时如下记述。

```
NSObject * __strong *array = nil;
```

其次，使用 calloc 函数确保想分配的附有 __strong 修饰符变量的容量占有的内存块。

```
array = (id __strong *)calloc(entries, sizeof(id));
```

该源代码分配了 entries 个所需的内存块。由于使用附有 __strong 修饰符的变量前必须先将其初始化为 nil，所以这里使用使分配区域初始化为 0 的 calloc 函数来分配内存。不使用 calloc 函数，在用 malloc 函数分配内存后可用 memset 等函数将内存填充为 0。

但是，像下面的源代码这样，将 nil 代入到 malloc 函数所分配的数组各元素中来初始化是非常危险的。

```
array = (id __strong *)malloc(sizeof(id) * entries);

for (NSUInteger i = 0; i < entries; ++i)
    array[i] = nil;
```

这是因为由 malloc 函数分配的内存区域没有被初始化为 0，因此 nil 会被赋值给附有 __strong 修饰符的并被赋值了随机地址的变量中，从而释放一个不存在的对象。在分配内存时推荐使用 calloc 函数。

像这样，通过 calloc 函数分配的动态数组就能完全像静态数组一样使用。

```
array[0] = [[NSObject alloc] init];
```

但是，在动态数组中操作附有 __strong 修饰符的变量与静态数组有很大差异，需要自己释放所有的元素。

如以下源代码所示，在只是简单地用 free 函数废弃了数组用内存块的情况下，数组各元素所赋值的对象不能再次释放，从而引起内存泄漏。

```
free(array);
```

这是因为在静态数组中，编译器能够根据变量的作用域自动插入释放赋值对象的代码，而在动态数组中，编译器不能确定数组的生存周期，所以无从处理。如以下源代码所示，一定要将 nil 赋值给所有元素中，使得元素所赋值对象的强引用失效，从而释放那些对象。在此之后，使用 free 函数废弃内存块。

```
for (NSUInteger i = 0; i < entries; ++i)
    array[i] = nil;

free(array);
```

同初始化时的注意事项相反，即使用 memset 等函数将内存填充为 0 也不会释放所赋值的对象。这非常危险，只会引起内存泄漏。对于编译器，必须明确地使用赋值给附有 __strong 修饰符变量的源代码。所以请注意，必须将 nil 赋值给所有数组元素。

另外，使用 memcpy 函数拷贝数组元素以及 realloc 函数重新分配内存块也会有危险。由于数组元素所赋值的对象有可能被保留在内存中或是重复被废弃，所以这两个函数也禁止使用。

再者，我们也可以像使用 __strong 修饰符那样使用附有 __weak 修饰符变量的动态数组。在 __autoreleasing 修饰符的情况下，因为与设想的使用方法有差异，所以最好不要使用动态数组。由于 __unsafe_unretained 修饰符在编译器的内存管理对象之外，所以它与 void * 类型一样，只能作为 C 语言的指针类型来使用。

1.4 ARC 的实现

苹果的官方说明中称，ARC 是“由编译器进行内存管理”的，但实际上只有编译器是无法完全胜任的，在此基础上还需要 Objective-C 运行时库的协助。也就是说，ARC 由以下工具、库来实现。

- clang（LLVM 编译器）3.0 以上
- objc4 Objective-C 运行时库 493.9 以上

如果按照苹果的官方说明，假设仅由编译器进行 ARC 式的内存管理，那么 __weak 修饰符也完全可以使用在 iOS4 和 OS X Snow Leopard 中。但实际上，在编译用于 iOS4 和 OS X Snow Leopard 的应用程序时，并不链接一般使用的库，而是使用 libarclite_iphoneos.a 或 libarclite_macosx.a 这些旧 OS 上用于实现 ARC 的库。

不过由于 libarclite 的源代码没有公开，以上只是一个推测，但基于安装在 iOS4 和 OS X Snow Leopard 上的遗留框架和运行时库的功能，无论怎样静态链接用于 ARC 的库，也不能在对象废弃时将 __weak 变量初始化为 nil（空弱应用）。

那么下面就让我们彻底地忘记旧 OS 的事，基于实现来研究一下 ARC 吧。在这一节，将围绕 clang 汇编输出和 objc4 库（主要是 runtime/objc-arr.mm）的源代码进行说明。

1.4.1 __strong 修饰符

赋值给附有 __strong 修饰符的变量在实际的程序中到底是怎样运行的呢？

```
{
    id __strong obj = [[NSObject alloc] init];
}
```

在编译器选项“-S”的同时运行 clang，可取得程序汇编输出。看看汇编输出和 objc4 库的源代码就能够知道程序是如何工作的。该源代码实际上可转换为调用以下的函数。为了便于理解，以后的源代码有时也使用模拟源代码。

```
/* 编译器的模拟代码 */
id obj = objc_msgSend(NSObject, @selector(alloc));
objc_msgSend(obj, @selector(init));
objc_release(obj);
```

如原源代码所示，2 次调用 objc_msgSend 方法（alloc 方法和 init 方法），变量作用域结束时通过 objc_release 释放对象。虽然 ARC 有效时不能使用 release 方法，但由此可知编译器自动插入了 release。下面我们来看看使用 alloc/new/copy/mutableCopy 以外的方法会是什么情况。

```
{
    id __strong obj = [NSMutableArray array];
}
```

虽然调用了我们熟知的NSMutableArray类的array类方法，但得到的结果却与之前稍有不同。

```
/* 编译器的模拟代码 */
id obj = objc_msgSend(NSMutableArray, @selector(array));
objc_retainAutoreleasedReturnValue(obj);
objc_release(obj);
```

虽然最开始的 array 方法的调用以及最后变量作用域结束时的 release 与之前相同，但中间的 objc_retainAutoreleasedReturnValue 函数是什么呢？

objc_retainAutoreleasedReturnValue 函数主要用于最优化程序运行。顾名思义，它是用于自己持有（retain）对象的函数，但它持有的对象应为返回注册在 autoreleasepool 中对象的方法，或是函数的返回值。像该源代码这样，在调用 alloc/new/copy/mutableCopy 以外的方法，即 NSMutableArray 类的 array 类方法等调用之后，由编译器插入该函数。

这种 objc_retainAutoreleasedReturnValue 函数是成对的，与之相对的函数是 objc_autoreleaseReturnValue。它用于 alloc/new/copy/mutableCopy 方法以外的 NSMutableArray 类的 array 类方法等返回对象的实现上。下面我们看看 NSMutableArray 类的 array 类通过编译器会进行怎样的转换。

```
+ (id) array
{
    return [[NSMutableArray alloc] init];
}
```

以下为该源代码的转换，转换后的源代码使用了 objc_autoreleaseReturnValue 函数。

```
/* 编译器的模拟代码 */
+ (id) array
{
    id obj = objc_msgSend(NSMutableArray, @selector(alloc));
    objc_msgSend(obj, @selector(init));
    return objc_autoreleaseReturnValue(obj);
}
```

像该源代码这样，返回注册到 autoreleasepool 中对象的方法使用了 objc_autoreleaseReturnValue 函数返回注册到 autoreleasepool 中的对象。但是 objc_autoreleaseReturnValue 函数同 objc_autorelease 函数不同，一般不仅限于注册对象到 autoreleasepool 中。

objc_autoreleaseReturnValue 函数会检查使用该函数的方法或函数调用方的执行命令列表，如果方法或函数的调用方在调用了方法或函数后紧接着调用 objc_retainAutoreleasedReturnValue( ) 函数，那么就不将返回的对象注册到 autoreleasepool 中，而是直接传递到方法或函数的调用方。objc_retainAutoreleasedReturnValue 函数与 objc_retain 函数不同，它即便不注册到 autoreleasepool 中而返回对象，也能够正确地获取对象。通过 objc_autoreleaseReturnValue 函数和 objc_retainAutoreleasedReturnValue 函数的协作，可以不将对象注册到 autoreleasepool 中而直接传递，这一过程达到了最优化[①]。如图 1-22 所示。

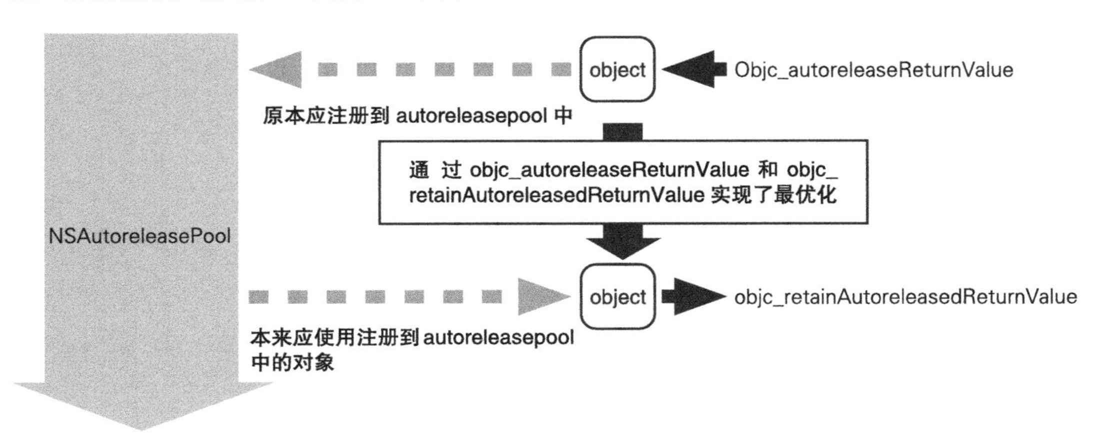

图 1-22 省略 autoreleasepool 注册

1.4.2 __weak 修饰符

就像前面我们看到的一样，__weak 修饰符提供的功能如同魔法一般。

- 若附有 __weak 修饰符的变量所引用的对象被废弃，则将 nil 赋值给该变量。
- 使用附有 __weak 修饰符的变量，即是使用注册到 autoreleasepool 中的对象。

这些功能像魔法一样，到底发生了什么，我们一无所知。所以下面我们来看看它们的实现。

```
{
    id __weak obj1 = obj;
}
```

假设变量 obj 附加 __strong 修饰符且对象被赋值。

① 在 objc4 版本 493.9 中，只能在 OS X 64 位环境中最优化。

```
/* 编译器的模拟代码 */
id obj1;
objc_initWeak(&obj1, obj);
objc_destroyWeak(&obj1);
```

通过 objc_initWeak 函数初始化附有 __weak 修饰符的变量，在变量作用域结束时通过 objc_destroyWeak 函数释放该变量。

如以下源代码所示，objc_initWeak 函数将附有 __weak 修饰符的变量初始化为 0 后，会将赋值的对象作为参数调用 objc_storeWeak 函数。

```
obj1 = 0;
objc_storeWeak(&obj1, obj);
```

objc_destroyWeak 函数将 0 作为参数调用 objc_storeWeak 函数。

```
objc_storeWeak(&obj1, 0);
```

即前面的源代码与下列源代码相同。

```
/* 编译器的模拟代码 */
id obj1;
obj1 = 0;
objc_storeWeak(&obj1, obj);
objc_storeWeak(&obj1, 0);
```

objc_storeWeak 函数把第二参数的赋值对象的地址作为键值，将第一参数的附有 __weak 修饰符的变量的地址注册到 weak 表中。如果第二参数为 0，则把变量的地址从 weak 表中删除。

weak 表与引用计数表（参考 1.2.4 节）相同，作为散列表被实现。如果使用 weak 表，将废弃对象的地址作为键值进行检索，就能高速地获取对应的附有 __weak 修饰符的变量的地址。另外，由于一个对象可同时赋值给多个附有 __weak 修饰符的变量中，所以对于一个键值，可注册多个变量的地址。

释放对象时，废弃谁都不持有的对象的同时，程序的动作是怎样的呢？下面我们来跟踪观察。对象将通过 objc_release 函数释放。

（1）objc_release
（2）因为引用计数为 0 所以执行 dealloc
（3）_objc_rootDealloc
（4）object_dispose
（5）objc_destructInstance
（6）objc_clear_deallocating

对象被废弃时最后调用的 objc_clear_deallocating 函数的动作如下：

（1）从 weak 表中获取废弃对象的地址为键值的记录。

（2）将包含在记录中的所有附有 __weak 修饰符变量的地址，赋值为 nil。

（3）从 weak 表中删除该记录。

（4）从引用计数表中删除废弃对象的地址为键值的记录。

根据以上步骤，前面说的如果附有 __weak 修饰符的变量所引用的对象被废弃，则将 nil 赋值给该变量这一功能即被实现。由此可知，如果大量使用附有 __weak 修饰符的变量，则会消耗相应的 CPU 资源。良策是只在需要避免循环引用时使用 __weak 修饰符。

使用 __weak 修饰符时，以下源代码会引起编译器警告。

```
{
    id __weak obj = [[NSObject alloc] init];
}
```

因为该源代码将自己生成并持有的对象赋值给附有 __weak 修饰符的变量中，所以自己不能持有该对象，这时会被释放并被废弃，因此会引起编译器警告。

```
warning: assigning retained obj to weak variable; obj will be
      released after assignment [-Warc-unsafe-retained-assign]
        id __weak obj = [[NSObject alloc] init];
                  ^      ~~~~~~~~~~~~~~~
```

编译器如何处理该源代码呢？

```
/* 编译器的模拟代码 */
id obj;
id tmp = objc_msgSend(NSObject, @selector(alloc));
objc_msgSend(tmp, @selector(init));
objc_initWeak(&obj, tmp);
objc_release(tmp);
objc_destroyWeak(&object);
```

虽然自己生成并持有的对象通过 objc_initWeak 函数被赋值给附有 __weak 修饰符的变量中，但编译器判断其没有持有者，故该对象立即通过 objc_release 函数被释放和废弃。

这样一来，nil 就会被赋值给引用废弃对象的附有 __weak 修饰符的变量中。下面我们通过 NSLog 函数来验证一下。

```
{
    id __weak obj = [[NSObject alloc] init];
    NSLog(@"obj=%@", obj);
}
```

以下为该源代码的输出结果，其中用 %@ 输出 nil。

```
obj=(null)
```

专栏 立即释放对象

如前所述，以下源代码会引起编译器警告。

```
id __weak obj = [[NSObject alloc] init];
```

这是由于编译器判断生成并持有的对象不能继续持有。附有 __unsafe_unretained 修饰符的变量又如何呢?

```
id __unsafe_unretained obj = [[NSObject alloc] init];
```

与 __weak 修饰符完全相同，编译器判断生成并持有的对象不能继续持有，从而发出警告。

```
warning: assigning retained object to unsafe_unretained variable;
      obj will be released after assignment [-Warc-unsafe-retained-assign]
    id __unsafe_unretained obj = [[NSObject alloc] init];
                           ^     ~~~~~~~~~~~~~~~~~~~~~~~
```

该源代码通过编译器转换为以下形式。

```
/* 编译器的模拟代码 */
id obj = objc_msgSend(NSObject, @selector(alloc));
objc_msgSend(obj, @selector(init));
objc_release(obj);
```

objc_release 函数立即释放了生成并持有的对象，这样该对象的悬垂指针被赋值给变量 obj 中。

那么如果最初不赋值变量又会如何呢? 下面的源代码在 ARC 无效时必定会发生内存泄漏。

```
[[NSObject alloc] init];
```

由于源代码不使用返回值的对象，所以编译器发出警告。

```
warning: expression result unused [-Wunused-value]
    [[NSObject alloc] init];
    ^~~~~~~~~~~~~~~~~~~~~~~
```

可像下面这样通过向 void 型转换来避免发生警告。

```
(void)[[NSObject alloc] init];
```

不管是否转换为 void，该源代码都会转换为以下形式

```
/* 编译器的模拟代码 */
id tmp = objc_msgSend(NSObject, @selector(alloc));
objc_msgSend(tmp, @selector(init));
objc_release(tmp);
```

虽然没有指定赋值变量，但与赋值给附有 __unsafe_unretained 修饰符变量的源代码完全相同。由于不能继续持有生成并持有的对象，所以编译器生成了立即调用 objc_release 函数的源代码。而由于 ARC 的处理，这样的源代码也不会造成内存泄漏。

另外，能调用被立即释放的对象的实例方法吗?

```
(void)[[[NSObject alloc] init] hash];
```

该源代码可变为如下形式：

```
/* 编译器的模拟代码 */
id tmp = objc_msgSend(NSObject, @selector(alloc));
objc_msgSend(tmp, @selector(init));
objc_msgSend(tmp, @selector(hash));
objc_release(tmp);
```

在调用了生成并持有对象的实例方法后，该对象被释放。看来“由编译器进行内存管理”这句话应该是正确的。

这次我们再用附有 __weak 修饰符的变量来确认另一功能：使用附有 __weak 修饰符的变量，即是使用注册到 autoreleasepool 中的对象。

```
{
    id __weak obj1 = obj;
    NSLog(@"%@", obj1);
}
```

该源代码可转换为如下形式：

```
/* 编译器的模拟代码 */
id obj1;
objc_initWeak(&obj1, obj);
id tmp = objc_loadWeakRetained(&obj1);
objc_autorelease(tmp);
NSLog(@"%@", tmp);
objc_destroyWeak(&obj1);
```

与被赋值时相比，在使用附有 __weak 修饰符变量的情形下，增加了对 objc_loadWeakRetained 函数和 objc_autorelease 函数的调用。这些函数的动作如下。

（1）objc_loadWeakRetained 函数取出附有 __weak 修饰符变量所引用的对象并 retain。

（2）objc_autorelease 函数将对象注册到 autoreleasepool 中。

由此可知，因为附有 __weak 修饰符变量所引用的对象像这样被注册到 autoreleasepool 中，所以在 @autoreleasepool 块结束之前都可以放心使用。但是，如果大量地使用附有 __weak 修饰符的变量，注册到 autoreleasepool 的对象也会大量地增加，因此在使用附有 __weak 修饰符的变量时，最好先暂时赋值给附有 __strong 修饰符的变量后再使用。

比如，以下源代码使用了 5 次附有 __weak 修饰符的变量 o。

```
{
    id __weak o = obj;
    NSLog(@"1 %@", o);
    NSLog(@"2 %@", o);
    NSLog(@"3 %@", o);
    NSLog(@"4 %@", o);
    NSLog(@"5 %@", o);
}
```

相应地，变量 o 所赋值的对象也就注册到 autoreleasepool 中 5 次。

```
objc[14481]: ##############
objc[14481]: AUTORELEASE POOLS for thread 0xad0892c0
objc[14481]: 6 releases pending.
objc[14481]: [0x6a85000]  ................  PAGE  (hot) (cold)
objc[14481]: [0x6a85028]  ################  POOL 0x6a85028
objc[14481]: [0x6a8502c]         0x6719e40  NSObject
objc[14481]: [0x6a85030]         0x6719e40  NSObject
objc[14481]: [0x6a85034]         0x6719e40  NSObject
objc[14481]: [0x6a85038]         0x6719e40  NSObject
objc[14481]: [0x6a8503c]         0x6719e40  NSObject
objc[14481]: ##############
```

将附有 __weak 修饰符的变量 o 赋值给附有 __strong 修饰符的变量后再使用可以避免此类问题。

```
{
    id __weak o = obj;
    id tmp = o;
    NSLog(@"1 %@", tmp);
    NSLog(@"2 %@", tmp);
    NSLog(@"3 %@", tmp);
    NSLog(@"4 %@", tmp);
    NSLog(@"5 %@", tmp);
}
```

在“tmp = o;”时对象仅登录到 autoreleasepool 中 1 次。

```
objc[14481]: ##############
objc[14481]: AUTORELEASE POOLS for thread 0xad0892c0
objc[14481]: 2 releases pending.
objc[14481]: [0x6a85000]  ................  PAGE  (hot) (cold)
objc[14481]: [0x6a85028]  ################  POOL 0x6a85028
objc[14481]: [0x6a8502c]         0x6719e40  NSObject
objc[14481]: ##############
```

在 iOS4 和 OS X Snow Leopard 中是不能使用 __weak 修饰符的，而有时在其他环境下也不能使用。实际上存在着不支持 __weak 修饰符的类。

例如 NSMachPort 类就是不支持 __weak 修饰符的类。这些类重写了 retain/release 并实现该类独自的引用计数机制。但是赋值以及使用附有 __weak 修饰符的变量都必须恰当地使用 objc4 运行时库中的函数，因此独自实现引用计数机制的类大多不支持 __weak 修饰符。

不支持 __weak 修饰符的类，其类声明中附加了“__attribute__ ((objc_arc_weak_reference_unavailable))”这一属性，同时定义了 NS_AUTOMATED_REFCOUNT_WEAK_UNAVAILABLE。如果将不支持 __weak 声明类的对象赋值给附有 __weak 修饰符的变量，那么一旦编译器检验出来就会报告编译错误。而且在 Cocoa 框架类中，不支持 __weak 修饰符的类极为罕见，因此没有必要太过担心。

专栏 allowsWeakReference/retainWeakReference 方法

实际上还有一种情况也不能使用 __weak 修饰符。

就是当 allowsWeakReference/retainWeakReference 实例方法（没有写入 NSObject 接口说明文档中）返回 NO 的情况。这些方法的声明如下：

```
- (BOOL)allowsWeakReference;
- (BOOL)retainWeakReference;
```

在赋值给 __weak 修饰符的变量时，如果赋值对象的 allowsWeakReference 方法返回 NO，程序将异常终止。

```
cannot form weak reference to instance (0x753e180) of class MyObject
```

即对于所有 allowsWeakReference 方法返回 NO 的类都绝对不能使用 __weak 修饰符。这样的类必定在其参考说明中有所记述。

另外，在使用 __weak 修饰符的变量时，当被赋值对象的 retainWeakReference 方法返回 NO 的情况下，该变量将使用“nil”。如以下的源代码：

```
{
    id __strong obj = [[NSObjectalloc] init];
```

```
    id __weak o = obj;
    NSLog(@"1 %@", o);
    NSLog(@"2 %@", o);
    NSLog(@"3 %@", o);
    NSLog(@"4 %@", o);
    NSLog(@"5 %@", o);
}
```

由于最开始生成并持有的对象为附有 __strong 修饰符变量 obj 所持有的强引用，所以在该变量作用域结束之前都始终存在。因此如下所示，在变量作用域结束之前，可以持续使用附有 __weak 修饰符的变量 o 所引用的对象。

```
1 <NSObject: 0x753e180>
2 <NSObject: 0x753e180>
3 <NSObject: 0x753e180>
4 <NSObject: 0x753e180>
5 <NSObject: 0x753e180>
```

下面对 retainWeakReference 方法进行试验。我们做一个 MyObject 类，让其继承 NSObject 类并实现 retainWeakReference 方法。

```
@interfaceMyObject : NSObject
{
    NSUInteger count;
}
@end

@implementationMyObject
- (id)init
{
    self = [super init];
    return self;
}
- (BOOL)retainWeakReference
{
    if (++count > 3)
        return NO;
    return [super retainWeakReference];
}
@end
```

该例中，当 retainWeakReference 方法被调用 4 次或 4 次以上时返回 NO。在之前的源代码中，将从 NSObject 类生成并持有对象的部分更改为 MyObject 类。

```
{
    id __strong obj = [[MyObject alloc] init];
    id __weak o = obj;
    NSLog(@"1 %@", o);
```

```
        NSLog(@"2 %@", o);
        NSLog(@"3 %@", o);
        NSLog(@"4 %@", o);
        NSLog(@"5 %@", o);
    }
```

以下为执行结果。

```
1 <MyObject: 0x753e180>
2 <MyObject: 0x753e180>
3 <MyObject: 0x753e180>
4 (null)
5 (null)
```

从第 4 次起，使用附有 __weak 修饰符的变量 o 时，由于所引用对象的 retainWeakReference 方法返回 NO，所以无法获取对象。像这样的类也必定在其参考说明中有所记述。

另外，运行时库为了操作 __weak 修饰符在执行过程中调用 allowsWeakReference/retainWeakReference 方法，因此从该方法中再次操作运行时库时，其操作内容会永久等待。原本这些方法并没有记入文档，因此应用程序编程人员不可能实现该方法群，但如果因某些原因而不得不实现，那么还是在全部理解的基础上实现比较好。

1.4.3　__autoreleasing 修饰符

将对象赋值给附有 __autoreleasing 修饰符的变量等同于 ARC 无效时调用对象的 autorelease 方法。我们通过以下源代码来看一下。

```
@autoreleasepool {
    id __autoreleasing obj = [[NSObject alloc] init];
}
```

该源代码主要将 NSObject 类对象注册到 autoreleasepool 中，可作如下变换：

```
/* 编译器的模拟代码 */
id pool = objc_autoreleasePoolPush();
id obj = objc_msgSend(NSObject, @selector(alloc));
objc_msgSend(obj, @selector(init));
objc_autorelease(obj);
objc_autoreleasePoolPop(pool);
```

这与苹果的 autorelease 实现中的说明（参考 1.2.7 节）完全相同。虽然 ARC 有效和无效时，其在源代码上的表现有所不同，但 autorelease 的功能完全一样。

在 alloc/new/copy/mutableCopy 方法群之外的方法中使用注册到 autoreleasepool 中的对象会如何呢？下面我们来看看 NSMutableArray 类的 array 类方法。

```
@autoreleasepool {
    id __autoreleasing obj = [NSMutableArray array];
}
```

这与前面的源代码有何不同呢？

```
/* 编译器的模拟代码 */
id pool = objc_autoreleasePoolPush();
id obj = objc_msgSend(NSMutableArray, @selector(array));
objc_retainAutoreleasedReturnValue(obj);
objc_autorelease(obj);
objc_autoreleasePoolPop(pool);
```

虽然持有对象的方法从 alloc 方法变为 objc_retainAutoreleasedReturnValue 函数，但注册 autoreleasepool 的方法没有改变，仍是 objc_autorelease 函数。

1.4.4　引用计数

实际上，本书为了让读者掌握引用计数式内存管理的思维方式，特地没有介绍引用计数数值本身（只在导入部和 Core Foundation 的转换中稍有说明）。但考虑到有些读者可能极想知道引用计数的数值，因此在这里提供获取引用计数数值的函数。

```
uintptr_t _objc_rootRetainCount(id obj)
```

如上声明的 _objc_rootRetainCount 函数可获取指定对象的引用计数数值。请看以下几个例子。

```
{
    id __strong obj = [[NSObject alloc] init];
    NSLog(@"retain count = %d", _objc_rootRetainCount(obj));
}
```

该源代码中，对象仅通过变量 obj 的强引用被持有，所以为 1。

```
retain count = 1
```

下面使用 __weak 修饰符。

```
{
    id __strong obj = [[NSObject alloc] init];
    id __weak o = obj;
    NSLog(@"retain count = %d", _objc_rootRetainCount(obj));
}
```

由于弱引用并不持有对象，所以赋值给附有 __weak 修饰符的变量中也必定不会改变引用计数数值。

```
retain count = 1
```

结果同预想一样。那么通过 __autoreleasing 修饰符向 autoreleasepool 注册又会如何呢？

```
@autoreleasepool {
    id __strong obj = [[NSObject alloc] init];
    id __autoreleasing o = obj;
    NSLog(@"retain count = %d", _objc_rootRetainCount(obj));
}
```

结果如下：

```
retain count = 2
```

对象被附有 __strong 修饰符变量的强引用所持有，且被注册到 autoreleasepool 中，所以为 2。以下确认 @autoreleasepool 块结束时释放已注册的对象。

```
{
    id __strong obj = [[NSObject alloc] init];
    @autoreleasepool {
        id __autoreleasing o = obj;
        NSLog(@"retain count = %d in @autoreleasepool", _objc_rootRetainCount(obj));
    }
    NSLog(@"retain count = %d", _objc_rootRetainCount(obj));
}
```

在 @autoreleasepool 块之后也显示引用计数数值。

```
retain count = 2 in @autoreleasepool
retain count = 1
```

如我们预期的一样，对象被释放。

以下在通过附有 __weak 修饰符的变量使用对象时，基于显示 autoreleasepool 状态的 _objc_autoreleasePoolPrint 函数来观察注册到 autoreleasepool 中的引用对象。

```
@autoreleasepool {
    id __strong obj = [[NSObject alloc] init];
    _objc_autoreleasePoolPrint();
    id __weak o = obj;
    NSLog(@"before using __weak: retain count = %d", _objc_rootRetainCount(obj));
    NSLog(@"class = %@", [o class]);
    NSLog(@"after using __weak: retain count = %d", _objc_rootRetainCount(obj));
    _objc_autoreleasePoolPrint();
}
```

结果如下：

```
objc[14481]: ##############
objc[14481]: AUTORELEASE POOLS for thread 0xad0892c0
objc[14481]: 1 releases pending.
objc[14481]: [0x6a85000]  ................  PAGE  (hot) (cold)
objc[14481]: [0x6a85028]  ################  POOL 0x6a85028
objc[14481]: ##############
before using __weak: retain count = 1
class = NSObject
after using __weak: retain count = 2
objc[14481]: ##############
objc[14481]: AUTORELEASE POOLS for thread 0xad0892c0
objc[14481]: 2 releases pending.
objc[14481]: [0x6a85000]  ................  PAGE  (hot) (cold)
objc[14481]: [0x6a85028]  ################  POOL 0x6a85028
objc[14481]: [0x6a8502c]         0x6719e40  NSObject
objc[14481]: ##############
```

通过以上过程我们可以看出，不使用 __autoreleasing 修饰符，仅使用附有 __weak 声明的变量也能将引用对象注册到了 autoreleasepool 中。

虽然以上这些例子均使用了 _objc_rootRetainCount 函数，但实际上并不能够完全信任该函数取得的数值。对于已释放的对象以及不正确的对象地址，有时也返回“1”。另外，在多线程中使用对象的引用计数数值，因为存有竞态条件的问题[①]，所以取得的数值不一定完全可信。

虽然在调试中 _objc_rootRetainCount 函数很有用，但最好在了解其所具有的问题的基础上来使用。

① 竞争状态，http://en.wikipedia.org/wiki/Race_condition。

第2章

Blocks

本章主要介绍OS X Snow Leopard和iOS 4引入的C语言扩充功能“Blocks”。究竟是如何扩充C语言的，扩充之后又有哪些优点呢？下面我们就来通过其实现了解这些内容。

2.1　Blocks 概要

2.1.1　什么是 Blocks

Blocks 是 C 语言的扩充功能。可以用一句话来表示 Blocks 的扩充功能：带有自动变量（局部变量）的匿名函数。

顾名思义，所谓匿名函数就是不带有名称的函数。C 语言的标准不允许存在这样的函数。例如以下源代码：

```
int func(int count);
```

它声明了名称为 func 的函数。下面的源代码中为了调用该函数，必须使用该函数的名称 func。

```
int result = func(10);
```

如果像下面这样，使用函数指针来代替直接调用函数，那么似乎不用知道函数名也能够使用该函数。

```
int result = (*funcptr)(10);
```

但其实使用函数指针也仍然需要知道函数名称。像以下源代码这样，在赋值给函数指针时，若不使用想赋值的函数的名称，就无法取得该函数的地址。

```
int (*funcptr)(int) = &func;

int result = (*funcptr)(10);
```

而通过 Blocks，源代码中就能够使用匿名函数，即不带名称的函数。对于程序员而言，命名就是工作的本质，函数名、变量名、方法名、属性名、类名和框架名等都必须具备。而能够编写不带名称的函数对程序员来说相当具有吸引力。

到这里，我们知道了“带有自动变量值的匿名函数”中“匿名函数”的概念。那么“带有自动变量值”究竟是什么呢？

首先回顾一下在 C 语言的函数中可能使用的变量。

- 自动变量（局部变量）
- 函数的参数
- 静态变量（静态局部变量）

- 静态全局变量
- 全局变量

其中，在函数的多次调用之间能够传递值的变量有：

- 静态变量（静态局部变量）
- 静态全局变量
- 全局变量

虽然这些变量的作用域不同，但在整个程序当中，一个变量总保持在一个内存区域。因此，虽然多次调用函数，但该变量值总能保持不变，在任何时候以任何状态调用，使用的都是同样的变量值。

```
int buttonId = 0;

void buttonCallback(int event)
{
    printf("buttonId:%d event=%d\n", buttonId, event);
}
```

如果只有一个按钮，那么该源代码毫无问题，可正常运行。但有多个按钮时会如何呢？

```
int buttonId;

void buttonCallback(int event)
{
    printf("buttonId:%d event=%d\n" , buttonId, event);
}

void setButtonCallbacks()
{
    for (int i = 0; i < BUTTON_MAX; ++i) {
        buttonId = i;
        setButtonCallback(BUTTON_IDOFFSET + i, &buttonCallback);
    }
}
```

该源代码的问题很明显。全局变量 buttonId 只有一个，所有回调都使用 for 循环最后的值。当然如果不使用全局变量，回调方会将按钮的 ID 作为函数参数传递，就能解决该问题。

```
void buttonCallback(int buttonId, int event)
{
    printf("buttonId:%d event=%d\n", buttonId, event);
}
```

但是，回调方在保持回调函数的指针以外，还必须保持回调方的按钮 ID。

C++ 和 Objective-C 使用类可保持变量值且能够多次持有该变量自身。它会声明持有成员变量的类，由类生成的实例或对象保持该成员变量的值。我们来思考一下刚才例子中用来回调按钮的类。

```
@interface ButtonCallbackObject : NSObject
{
    int buttonId_;
}
@end

@implementation ButtonCallbackObject
- (id) initWithButtonId:(int)buttonId
{
    self = [super init];

    buttonId_ = buttonId;

    return self;
}

- (void) callback:(int)event
{
    NSLog(@"buttonId:%d event=%d\n", buttonId_, event);
}
@end
```

如果使用该类，由于对象保持按钮 ID，因此回调方只需要保持对象即可。可如下使用：

```
void setButtonCallbacks()
{
    for (int i = 0; i < BUTTON_MAX; ++i) {
        ButtonCallbackObject *callbackObj =
            [[ButtonCallbackObject alloc] initWithButtonId:i];
        setButtonCallbackUsingObject(BUTTON_IDOFFSET, callbackObj);
    }
}
```

但是，由此源代码可知，声明并实现 C++、Objective-C 的类增加了代码的长度。

这时我们就要用到 Blocks 了。Blocks 提供了类似由 C++ 和 Objective-C 类生成实例或对象来保持变量值的方法，其代码量与编写 C 语言函数差不多。如“带有自动变量值”，Blocks 保持自动变量的值。下面我们使用 Blocks 实现上面的按钮回调：

```
void setButtonCallbacks()
{
    for (int i = 0; i < BUTTON_MAX; ++i) {

        setButtonCallbackUsingBlock(BUTTON_IDOFFSET + i, ^(int event) {

            printf("buttonId:%d event=%d\n", i, event);
        });

    }
}
```

Blocks 的语法和保持自动变量值等将在后面详细说明，该源代码将“带有自动变量 i 值的匿名函数”设定为按钮的回调。Blocks 中将该匿名函数部分称为“Block literal”，或简称为“Block”。

像这样，使用 Blocks 可以不声明 C++ 和 Objective-C 类，也没有使用静态变量、静态全局变量或全局变量时的问题，仅用编写 C 语言函数的源代码量即可使用带有自动变量值的匿名函数。

另外，“带有自动变量值的匿名函数”这一概念并不仅指 Blocks，它还存在于其他许多程序语言中。在计算机科学中，此概念也称为闭包（Closure）、lambda 计算（λ 计算，lambda calculus）等。Objective-C 的 Block 在其他程序语言中的名称如表 2-1 所示。

表 2-1　其他程序语言中 Block 的名称

程序语言	Block 的名称
C + Blocks	Block
Smalltalk	Block
Ruby	Block
LISP	Lambda
Python	Lambda
C++11	Lambda
Javascript	Anonymous function

2.2　Blocks 模式

2.2.1　Block 语法

下面我们详细讲解一下带有自动变量值的匿名函数 Block 的语法，即 Block 表达式语法（Block Literal Syntax）。前面按钮回调例子中使用的 Block 语法如下：

```
^(int event) {
    printf("buttonId:%d event=%d\n", i, event);
}
```

实际上，该 Block 语法使用了省略方式，其完整形式如下：

```
^void (int event) {
    printf("buttonId:%d event=%d\n", i, event);
}
```

如上所示，完整形式的 Block 语法与一般的 C 语言函数定义相比，仅有两点不同。

（1）没有函数名。

（2）带有“^”。

第一点不同是没有函数名，因为它是匿名函数。第二点不同是返回值类型前带有“^”（插入记号，caret）记号。因为OS X、iOS应用程序的源代码中将大量使用Block，所以插入该记号便于查找。

以下为Block语法的BN范式[①]。

```
Block_literal_expression ::= ^ block_decl compound_statement_body
block_decl ::=
block_decl ::= parameter_list
block_decl ::= type_expression
```

即使此前不了解BN范式，通过说明也能有个概念。如图2-1所示。

^ 返回值类型 参数列表 表达式

图 2-1 Block 语法

“返回值类型”同C语言函数的返回值类型，“参数列表”同C语言函数的参数列表，“表达式”同C语言函数中允许使用的表达式。当然与C语言函数一样，表达式中含有return语句时，其类型必须与返回值类型相同。

例如可以写出如下形式的Block语法：

```
^int (int count){return count + 1;}
```

虽然前面出现过省略方式，但Block语法可省略好几个项目。首先是返回值类型。如图2-2所示。

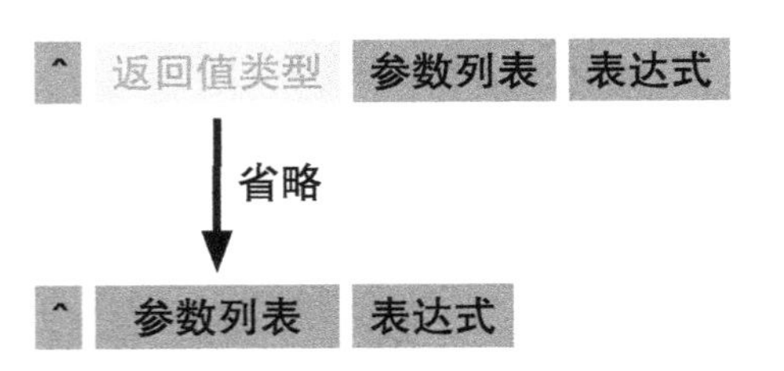

图 2-2 Block 语法省略返回值类型

省略返回值类型时，如果表达式中有return语句就使用该返回值的类型，如果表达式中没有return语句就使用void类型。表达式中含有多个return语句时，所有return的返回值类型必须相同。前面的源代码省略其返回值类型时如下所示：

---

① 巴科斯－诺尔范式（BNF）。http://en.wikipedia.org/wiki/Backus-Naur_Form。

```
^(int count){return count + 1;}
```

该 Block 语法将按照 return 语句的类型，返回 int 型返回值。

其次，如果不使用参数，参数列表也可省略。以下为不使用参数的 Block 语法：

```
^void (void){printf("Blocks\n");}
```

该源代码可省略为如下形式：

```
^{printf("Blocks\n");}
```

返回值类型以及参数列表均被省略的 Block 语法是大家最为熟知的记述方式吧。如图 2-3 所示。

^　返回值类型　参数列表　表达式

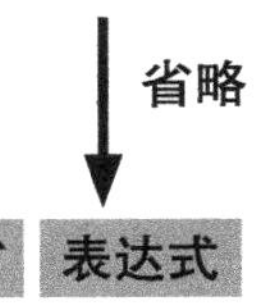

^　表达式

图 2-3　Block 语法省略返回值类型和参数列表

2.2.2　Block 类型变量

上节中讲到的 Block 语法单从其记述方式上来看，除了没有名称以及带有“^”以外，其他都与 C 语言函数定义相同。在定义 C 语言函数时，就可以将所定义函数的地址赋值给函数指针类型变量中。

```
int func(int count)
{
    return count + 1;
}

int (*funcptr)(int) = &func;
```

这样一来，函数 func 的地址就能赋值给函数指针类型变量 funcptr 中了。

同样地，在 Block 语法下，可将 Block 语法赋值给声明为 Block 类型的变量中。即源代码中一旦使用 Block 语法就相当于生成了可赋值给 Block 类型变量的“值”。Blocks 中由 Block 语法生成的值也被称为“Block”。在有关 Blocks 的文档中，“Block”既指源代码中的 Block 语法，也指由 Block 语法所生成的值。

声明 Block 类型变量的示例如下：

```
int (^blk)(int);
```

与前面的使用函数指针的源代码对比可知，声明 Block 类型变量仅仅是将声明函数指针类型变量的“*”变为“^”。该 Block 类型变量与一般的 C 语言变量完全相同，可作为以下用途使用。

- 自动变量
- 函数参数
- 静态变量
- 静态全局变量
- 全局变量

那么，下面我们就试着使用 Block 语法将 Block 赋值为 Block 类型变量。

```
int (^blk)(int) = ^(int count){return count + 1;};
```

由“^”开始的 Block 语法生成的 Block 被赋值给变量 blk 中。因为与通常的变量相同，所以当然也可以由 Block 类型变量向 Block 类型变量赋值。

```
int (^blk1)(int) = blk;
```

```
int (^blk2)(int);

blk2 = blk1;
```

在函数参数中使用 Block 类型变量可以向函数传递 Block。

```
void func(int (^blk)(int))
{
```

在函数返回值中指定 Block 类型，可以将 Block 作为函数的返回值返回。

```
int (^func())(int)
{
    return ^(int count){return count + 1;};
}
```

由此可知，在函数参数和返回值中使用 Block 类型变量时，记述方式极为复杂。这时，我们可以像使用函数指针类型时那样，使用 typedef 来解决该问题。

```
typedef int (^blk_t)(int);
```

如上所示，通过使用 typedef 可声明“blk_t”类型变量。我们试着在以上例子中的函数参数和函数返回值部分里使用一下。

```
/* 原来的记述方式
void func(int (^blk)(int))
*/

void func(blk_t blk)
{

/* 原来的记述方式
int (^func()(int))
*/

blk_t func()
{
```

通过使用 typedef，函数定义就变得更容易理解了。

另外，将赋值给 Block 类型变量中的 Block 方法像 C 语言通常的函数调用那样使用，这种方法与使用函数指针类型变量调用函数的方法几乎完全相同。变量 funcptr 为函数指针类型时，像下面这样调用函数指针类型变量：

```
int result = (*funcptr)(10);
```

变量 blk 为 Block 类型的情况下，这样调用 Block 类型变量：

```
int result = blk(10);
```

通过 Block 类型变量调用 Block 与 C 语言通常的函数调用没有区别。在函数参数中使用 Block 类型变量并在函数中执行 Block 的例子如下：

```
int func(blk_t blk, int rate)
{
    return blk(rate);
}
```

当然，在 Objective-C 的方法中也可使用。

```
- (int) methodUsingBlock:(blk_t)blk rate:(int)rate
{
    return blk(rate);
}
```

Block 类型变量可完全像通常的 C 语言变量一样使用，因此也可以使用指向 Block 类型变量的指针，即 Block 的指针类型变量。

```
typedef int (^blk_t)(int);

blk_t blk = ^(int count){return count + 1;};
```

```
blk_t *blkptr = &blk;

(*blkptr)(10);
```

由此可知 Block 类型变量可像 C 语言中其他类型变量一样使用。

2.2.3　截获自动变量值

通过 Block 语法和 Block 类型变量的说明，我们已经理解了“带有自动变量值的匿名函数”中的“匿名函数”。而“带有自动变量值”究竟是什么呢？“带有自动变量值”在 Blocks 中表现为“截获自动变量值”。截获自动变量值的实例如下：

```
int main()
{
    int dmy = 256;
    int val = 10;
    const char *fmt = "val = %d\n";
    void (^blk)(void) = ^{printf(fmt, val);};

    val = 2;
    fmt = "These values were changed. val = %d\n";

    blk();

    return 0;
}
```

该源代码中，Block 语法的表达式使用的是它之前声明的自动变量 fmt 和 val。Blocks 中，Block 表达式截获所使用的自动变量的值，即保存该自动变量的瞬间值。因为 Block 表达式保存了自动变量的值，所以在执行 Block 语法后，即使改写 Block 中使用的自动变量的值也不会影响 Block 执行时自动变量的值。该源代码就在 Block 语法后改写了 Block 中的自动变量 val 和 fmt。下面我们一起看一下执行结果。

```
val = 10
```

执行结果并不是改写后的值“These values were changed. val = 2”，而是执行 Block 语法时的自动变量的瞬间值。该 Block 语法在执行时，字符串指针“val = %d\n”被赋值到自动变量 fmt 中，int 值 10 被赋值到自动变量 val 中，因此这些值被保存（即被截获），从而在执行块时使用。

这就是自动变量值的截获。

2.2.4　__block 说明符

实际上，自动变量值截获只能保存执行 Block 语法瞬间的值。保存后就不能改写该值。下面我们来尝试改写截获的自动变量值，看看会出现什么结果。下面的源代码中，Block 语法之前声明的自动变量 val 的值被赋予 1。

```
int val = 0;

void (^blk)(void) = ^{val = 1;};

blk();

printf("val = %d\n", val);
```

以上为在 Block 语法外声明的给自动变量赋值的源代码。该源代码会产生编译错误。

```
error: variable is not assignable (missing __block type specifier)
    void (^blk)(void) = ^{val = 1;};
                          ~~~ ^
```

若想在 Block 语法的表达式中将值赋给在 Block 语法外声明的自动变量，需要在该自动变量上附加 __block 说明符。该源代码中，如果给自动变量声明 int val 附加 __block 说明符，就能实现在 Block 内赋值。

```
__block int val = 0;

void (^blk)(void) = ^{val = 1;};

blk();

printf("val = %d\n", val);
```

该源代码的执行结果为：

```
val = 1
```

使用附有 __block 说明符的自动变量可在 Block 中赋值，该变量称为 __block 变量。

2.2.5 截获的自动变量

如果将值赋值给 Block 中截获的自动变量，就会产生编译错误。

```
int val = 0;

void (^blk)(void) = ^{val = 1;};
```

该源代码会产生以下编译错误：

```
error: variable is not assignable (missing __block type specifier)
    void (^blk)(void) = ^{val = 1;};
                          ~~~ ^
```

那么截获 Objective-C 对象，调用变更该对象的方法也会产生编译错误吗？

```
id array = [[NSMutableArray alloc] init];

void (^blk)(void) = ^{

    id obj = [[NSObject alloc] init];

    [array addObject:obj];

};
```

这是没有问题的，而向截获的变量 array 赋值则会产生编译错误。该源代码中截获的变量值为 NSMutableArray 类的对象。如果用 C 语言来描述，即是截获 NSMutableArray 类对象用的结构体实例指针。虽然赋值给截获的自动变量 array 的操作会产生编译错误，但使用截获的值却不会有任何问题。下面源代码向截获的自动变量进行赋值，因此会产生编译错误。

```
id array = [[NSMutableArray alloc] init];

void (^blk)(void) = ^{

    array = [[NSMutableArray alloc] init];

};
```

```
error: variable is not assignable (missing __block type specifier)
    array = [[NSMutableArray alloc] init];
    ~~~~~ ^
```

这种情况下，需要给截获的自动变量附加 __block 说明符。

```
__block id array = [[NSMutableArray alloc] init];

void (^blk)(void) = ^{

    array = [[NSMutableArray alloc] init];

};
```

另外，在使用 C 语言数组时必须小心使用其指针。源代码示例如下：

```
const char text[] = "hello";

void (^blk)(void) = ^{
```

```
        printf("%c\n", text[2]);
    };
```

只是使用 C 语言的字符串字面量数组，而并没有向截获的自动变量赋值，因此看似没有问题。但实际上会产生以下编译错误：

```
error: cannot refer to declaration with an array type inside block
        printf("%c\n", text[2]);

note: declared here
    const char text[] = "hello";
                ^
```

这是因为在现在的 Blocks 中，截获自动变量的方法并没有实现对 C 语言数组的截获。这时，使用指针可以解决该问题。

```
const char *text = "hello";

void (^blk)(void) = ^{

    printf("%c\n", text[2]);

};
```

2.3　Blocks 的实现

2.3.1　Block 的实质

Block 是“带有自动变量值的匿名函数”，但 Block 究竟是什么呢？本节将通过 Block 的实现进一步帮大家加深理解。

前几节讲的 Block 语法看上去好像很特别，但它实际上是作为极普通的 C 语言源代码来处理的。通过支持 Block 的编译器，含有 Block 语法的源代码转换为一般 C 语言编译器能够处理的源代码，并作为极为普通的 C 语言源代码被编译。

这不过是概念上的问题，在实际编译时无法转换成我们能够理解的源代码，但 clang（LLVM 编译器）具有转换为我们可读源代码的功能。通过“-rewrite-objc”选项就能将含有 Block 语法的源代码变换为C++的源代码。说是C++，其实也仅是使用了 struct 结构，其本质是C语言源代码。

```
clang -rewrite-objc 源代码文件名
```

下面，我们转换 Block 语法。

```
int main()
{
    void (^blk)(void) = ^{printf("Block\n");};

    blk();

    return 0;
}
```

此源代码的 Block 语法最为简单，它省略了返回值类型以及参数列表。该源代码通过 clang 可变换为以下形式：

```
struct __block_impl {
    void *isa;
    int Flags;
    int Reserved;
    void *FuncPtr;
};

struct __main_block_impl_0 {
    struct __block_impl impl;
    struct __main_block_desc_0* Desc;

    __main_block_impl_0(void *fp, struct __main_block_desc_0 *desc, int flags=0) {
        impl.isa = &_NSConcreteStackBlock;
        impl.Flags = flags;
        impl.FuncPtr = fp;
        Desc = desc;
    }
};

static void __main_block_func_0(struct __main_block_impl_0 *__cself)
{
    printf("Block\n");
}

static struct __main_block_desc_0 {
    unsigned long reserved;
    unsigned long Block_size;
} __main_block_desc_0_DATA = {
    0,
    sizeof(struct __main_block_impl_0)
};

int main()
{
    void (*blk)(void) =
        (void (*)(void))&__main_block_impl_0(
            (void *)__main_block_func_0, &__main_block_desc_0_DATA);

    ((void (*)(struct __block_impl *))(
        (struct __block_impl *)blk)->FuncPtr)((struct __block_impl *)blk);
```

```
    return 0;
}
```

8 行的源代码竟然增加到了 43 行。但是如果仔细观察就能发现，这段源代码虽长却不那么复杂。下面，我们将源代码分成几个部分逐步理解。首先来看最初的源代码中的 Block 语法。

```
^{printf("Block\n")};
```

可以看到，变换后的源代码中也含有相同的表达式。

```
static void __main_block_func_0(struct __main_block_impl_0 *__cself)
{
    printf("Block\n");
}
```

如变换后的源代码所示，通过 Blocks 使用的匿名函数实际上被作为简单的 C 语言函数来处理。另外，根据 Block 语法所属的函数名（此处为 main）和该 Block 语法在该函数出现的顺序值（此处为 0）来给经 clang 变换的函数命名。

该函数的参数 __cself 相当于 C++ 实例方法中指向实例自身的变量 this，或是 Objective-C 实例方法中指向对象自身的变量 self，即参数 __cself 为指向 Block 值的变量。

专栏 C++ 的 this，Objective-C 的 self

C++ 中定义类的实例方法如下：

```
void MyClass::method(int arg)
{
    printf("%p %d\n", this, arg);
}
```

C++ 编译器将该方法作为 C 语言函数来处理。

```
void __ZN7MyClass6methodEi(MyClass *this, int arg);
{
    printf("%p %d\n", this, arg);
}
```

MyClass::method 方法的实质就是 __ZN7MyClass6methodEi 函数。“this” 作为第一个参数传递进去。该方法的调用如下：

```
MyClass cls;

cls.method(10);
```

该源代码通过 C++ 编译器转换成 C 语言函数调用的形式:

```
struct MyClass cls;

__ZN7MyClass6methodEi(&cls, 10);
```

即 this 就是 MyClass 类(结构体)的实例。

同样,我们也来看一下 Objective-C 的实例方法:

```
- (void) method:(int)arg
{
    NSLog(@"%p %d\n", self, arg);
}
```

Objective-C 编译器同 C++ 的方法一样,也将该方法作为 C 语言的函数来处理。

```
void _I_MyObject_method_(struct MyObject *self, SEL _cmd, int arg)
{
    NSLog(@"%p %d\n", self, arg);
}
```

与 C++ 中变换结果的 this 相同,"self"作为第一个参数被传递过去。以下为调用方代码。

```
MyObject *obj = [[MyObject alloc] init];

[obj method:10];
```

如果使用 clang 的 -rewrite-objc 选项,则上面源代码会转换为:

```
MyObject *obj = objc_msgSend(
    objc_getClass("MyObject"), sel_registerName("alloc"));
obj = objc_msgSend(obj, sel_registerName("init"));

objc_msgSend(obj, sel_registerName("method:"), 10);
```

objc_msgSend 函数根据指定的对象和函数名,从对象持有类的结构体中检索 _I_MyObject_method_ 函数的指针并调用。此时,objc_msgSend 函数的第一个参数 obj 作为 _I_MyObject_method_ 函数的第一个参数 self 进行传递。同 C++ 一样,self 就是 MyObject 类的对象。

遗憾的是,由这次 Block 语法变换而来的 __main_block_func_0 函数并不使用 __cself。使用参数 __cself 的例子将在后面介绍,我们先来看看该参数的声明。

```
struct __main_block_impl_0 *__cself
```

与 C++ 的 this 和 Objective-C 的 self 相同,参数 __cself 是 __main_block_impl_0 结构体的指针。

该结构体声明如下：

```
struct __main_block_impl_0 {
    struct __block_impl impl;
    struct __main_block_desc_0* Desc;
}
```

由于转换后的源代码中，也一并写入了其构造函数，所以看起来稍显复杂，如果除去该构造函数，__main_block_impl_0 结构体会变得非常简单。第一个成员变量是 impl，我们先来看一下其 __block_impl 结构体的声明。

```
struct __block_impl {
    void *isa;
    int Flags;
    int Reserved;
    void *FuncPtr;
};
```

我们从其名称可以联想到某些标志、今后版本升级所需的区域以及函数指针。这些会在后面详细说明。第二个成员变量是 Desc 指针，以下为其 __main_block_desc_0 结构体的声明。

```
struct __main_block_desc_0 {
    unsigned long reserved;
    unsigned long Block_size;
};
```

这些也如同其成员名称所示，其结构为今后版本升级所需的区域和 Block 的大小。

那么，下面我们来看看初始化含有这些结构体的 __main_block_impl_0 结构体的构造函数。

```
__main_block_impl_0(void *fp, struct __main_block_desc_0 *desc, int flags=0) {
    impl.isa = &_NSConcreteStackBlock;
    impl.Flags = flags;
    impl.FuncPtr = fp;
    Desc = desc;
}
```

以上就是初始化 __main_block_impl_0 结构体成员的源代码。我们刚刚跳过了 _NSConcreteStackBlock 的说明。_NSConcreteStackBlock 用于初始化 __block_impl 结构体的 isa 成员。虽然大家很想了解它，但在进行讲解之前，我们先来看看该构造函数的调用。

```
void (*blk)(void) =
    (void (*)(void))&__main_block_impl_0(
        (void *)__main_block_func_0, &__main_block_desc_0_DATA);
```

因为转换较多，看起来不是很清楚，所以我们去掉转换的部分，具体如下：

```
struct __main_block_impl_0 tmp =
```

```
    __main_block_impl_0(__main_block_func_0, &__main_block_desc_0_DATA);

struct __main_block_impl_0 *blk = &tmp;
```

这样就容易理解了。该源代码将 __main_block_impl_0 结构体类型的自动变量，即栈上生成的 __main_block_impl_0 结构体实例的指针，赋值给 __main_block_impl_0 结构体指针类型的变量 blk。以下为这部分代码对应的最初源代码。

```
void (^blk)(void) = ^{printf("Block\n");};
```

将 Block 语法生成的 Block 赋给 Block 类型变量 blk。它等同于将 __main_block_impl_0 结构体实例的指针赋给变量 blk。该源代码中的 Block 就是 __main_block_impl_0 结构体类型的自动变量，即栈上生成的 __main_block_impl_0 结构体实例。

下面就来看看 __main_block_impl_0 结构体实例构造参数。

```
__main_block_impl_0(__main_block_func_0, &__main_block_desc_0_DATA);
```

第一个参数是由 Block 语法转换的 C 语言函数指针。第二个参数是作为静态全局变量初始化的 __main_block_desc_0 结构体实例指针。以下为 __main_block_desc_0 结构体实例的初始化部分代码。

```
static struct __main_block_desc_0 __main_block_desc_0_DATA = {
    0,
    sizeof(struct __main_block_impl_0)
};
```

由此可知，该源代码使用 Block，即 __main_block_impl_0 结构体实例的大小，进行初始化。

下面看看栈上的 __main_block_impl_0 结构体实例（即 Block）是如何根据这些参数进行初始化的。如果展开 __main_block_impl_0 结构体的 __block_impl 结构体，可记述为如下形式：

```
struct __main_block_impl_0 {
    void *isa;
    int Flags;
    int Reserved;
    void *FuncPtr;
    struct __main_block_desc_0* Desc;
}
```

该结构体根据构造函数会像下面这样进行初始化。

```
isa = &_NSConcreteStackBlock;
Flags = 0;
Reserved = 0;
FuncPtr = __main_block_func_0;
Desc = &__main_block_desc_0_DATA;
```

虽然大家非常迫切地想了解 _NSConcreteStackBlock，不过我们还是先把其他部分讲完再对此进行说明。将 __main_block_func_0 函数指针赋给成员变量 FuncPtr。

我们来确认一下使用该 Block 的部分。

```
blk();
```

这部分可变换为以下源代码：

```
((void (*)(struct __block_impl *))(
    (struct __block_impl *)blk)->FuncPtr)((struct __block_impl *)blk);
```

去掉转换部分。

```
(*blk->impl.FuncPtr)(blk);
```

这就是简单地使用函数指针调用函数。正如我们刚才所确认的，由 Block 语法转换的 __main_block_func_0 函数的指针被赋值成员变量 FuncPtr 中。另外也说明了，__main_block_func_0 函数的参数 __cself 指向 Block 值。在调用该函数的源代码中可以看出 Block 正是作为参数进行了传递。

到此总算摸清了 Block 的实质，不过刚才跳过没有说明的 _NSConcreteStackBlock 到底是什么呢？

```
isa = &_NSConcreteStackBlock;
```

将 Block 指针赋给 Block 的结构体成员变量 isa。为了理解它，首先要理解 Objective-C 类和对象的实质。其实，所谓 Block 就是 Objective-C 对象。

"id" 这一变量类型用于存储 Objective-C 对象。在 Objective-C 源代码中，虽然可以像使用 void * 类型那样随意使用 id，但此 id 类型也能够在 C 语言中声明。在 /usr/include/objc/runtime.h 中是如下进行声明的：

```
typedef struct objc_object {
    Class isa;
} *id;
```

id 为 objc_object 结构体的指针类型。我们再来看看 Class。

```
typedef struct objc_class *Class;
```

Class 为 objc_class 结构体的指针类型。objc_class 结构体在 /usr/include/objc/runtime.h 中声明如下：

```
struct objc_class {
    Class isa;
};
```

这与 objc_object 结构体相同。然而，objc_object 结构体和 objc_class 结构体归根结底是在各个对象和类的实现中使用的最基本的结构体。下面我们通过编写简单的 Objective-C 类声明来确认一下。

```
@interface MyObject : NSObject
{
    int val0;
    int val1;
}
@end
```

基于 objc_object 结构体，该类的对象的结构体如下：

```
struct MyObject {
    Class isa;
    int val0;
    int val1;
};
```

MyObject 类的实例变量 val0 和 val1 被直接声明为对象的结构体成员。“Objective-C 中由类生成对象”意味着，像该结构体这样“生成由该类生成的对象的结构体实例”。生成的各个对象，即由该类生成的对象的各个结构体实例，通过成员变量 isa 保持该类的结构体实例指针。如图 2-4 所示。

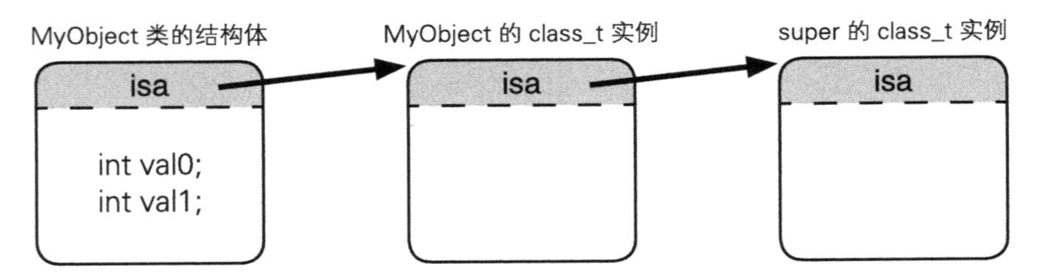

图 2-4　Objective-C 类与对象的实质

各类的结构体就是基于 objc_class 结构体的 class_t 结构体。class_t 结构体在 objc4 运行时库的 runtime/objc-runtime-new.h 中声明如下：

```
struct class_t {
    struct class_t *isa;
    struct class_t *superclass;
    Cache cache;
    IMP *vtable;
    uintptr_t data_NEVER_USE;
};
```

在 Objective-C 中，比如 NSObject 的 class_t 结构体实例以及 NSMutableArray 的 class_t 结构体实例等，均生成并保持各个类的 class_t 结构体实例。该实例持有声明的成员变量、方法的名称、方法的实现（即函数指针）、属性以及父类的指针，并被 Objective-C 运行时库所使用。

到这里，就可以理解 Objective-C 的类与对象的实质了。

那么回到刚才的 Block 结构体。

```
struct __main_block_impl_0 {
    void *isa;
    int Flags;
    int Reserved;
    void *FuncPtr;
    struct __main_block_desc_0* Desc;
}
```

此 __main_block_impl_0 结构体相当于基于 objc_object 结构体的 Objective-C 类对象的结构体。另外，对其中的成员变量 isa 进行初始化，具体如下：

```
isa = &_NSConcreteStackBlock;
```

即 _NSConcreteStackBlock 相当于 class_t 结构体实例。在将 Block 作为 Objective-C 的对象处理时，关于该类的信息放置于 _NSConcreteStackBlock 中。

现在大家就能理解 Block 的实质，知道 Block 即为 Objective-C 的对象了。

2.3.2 截获自动变量值

本节主要讲解如何截获自动变量值。与之前一样，将截获自动变量值的源代码通过 clang 进行转换。

```
struct __main_block_impl_0 {
    struct __block_impl impl;
    struct __main_block_desc_0* Desc;
    const char *fmt;
    int val;

    __main_block_impl_0(void *fp, struct __main_block_desc_0 *desc,
            const char *_fmt, int _val, int flags=0) : fmt(_fmt), val(_val) {
        impl.isa = &_NSConcreteStackBlock;
        impl.Flags = flags;
        impl.FuncPtr = fp;
        Desc = desc;
    }
};

static void __main_block_func_0(struct __main_block_impl_0 *__cself)
{
    const char *fmt = __cself->fmt;
    int val = __cself->val;

    printf(fmt, val);
```

```
}

static struct __main_block_desc_0 {
    unsigned long reserved;
    unsigned long Block_size;
} __main_block_desc_0_DATA = {
    0,
    sizeof(struct __main_block_impl_0)
};

int main()
{
    int dmy = 256;
    int val = 10;
    const char *fmt = "val = %d\n";
    void (*blk)(void) = &__main_block_impl_0(
        __main_block_func_0, &__main_block_desc_0_DATA, fmt, val);

    return 0;
}
```

这与前面转换的源代码稍有差异。下面来看看其中的不同之处。首先我们注意到，Block 语法表达式中使用的自动变量被作为成员变量追加到了 __main_block_impl_0 结构体中。

```
struct __main_block_impl_0 {
    struct __block_impl impl;
    struct __main_block_desc_0* Desc;
    const char *fmt;
    int val;
};
```

__main_block_impl_0 结构体内声明的成员变量类型与自动变量类型完全相同。请注意，Block 语法表达式中没有使用的自动变量不会被追加，如此源代码中的变量 dmy。Blocks 的自动变量截获只针对 Block 中使用的自动变量。下面来看看初始化该结构体实例的构造函数的差异。

```
__main_block_impl_0(void *fp, struct __main_block_desc_0 *desc,
    const char *_fmt, int _val, int flags=0) : fmt(_fmt), val(_val) {
```

在初始化结构体实例时，根据传递给构造函数的参数对由自动变量追加的成员变量进行初始化。以下通过构造函数调用确认其参数。

```
void (*blk)(void) = &__main_block_impl_0(
    __main_block_func_0, &__main_block_desc_0_DATA, fmt, val);
```

使用执行 Block 语法时的自动变量 fmt 和 val 来初始化 __main_block_impl_0 结构体实例。

即在该源代码中，__main_block_impl_0 结构体实例的初始化如下：

```
impl.isa = &_NSConcreteStackBlock;
impl.Flags = 0;
impl.FuncPtr = __main_block_func_0;
Desc = &__main_block_desc_0_DATA;
fmt = "val = %d\n";
val = 10;
```

由此可知，在 __main_block_impl_0 结构体实例（即 Block）中，自动变量值被截获。

下面再来看一下使用 Block 的匿名函数的实现。最初源代码的 Block 语法如下所示：

```
^{printf(fmt, val);}
```

该源代码可转换为以下函数：

```
static void __main_block_func_0(struct __main_block_impl_0 *__cself)
{
    const char *fmt = __cself->fmt;
    int val = __cself->val;

    printf(fmt, val);
}
```

在转换后的源代码中，截获到 __main_block_impl_0 结构体实例的成员变量上的自动变量，这些变量在 Block 语法表达式之前被声明定义。因此，原来的源代码表达式无需改动便可使用截获的自动变量值执行。

总的来说，所谓"截获自动变量值"意味着在执行 Block 语法时，Block 语法表达式所使用的自动变量值被保存到 Block 的结构体实例（即 Block 自身）中。

然而，如 2.2.5 节中提到的，Block 不能直接使用 C 语言数组类型的自动变量。如前所述，截获自动变量时，将值传递给结构体的构造函数进行保存。

下面确认在 Block 中利用 C 语言数组类型的变量时有可能使用到的源代码。首先来看将数组传递给 Block 的结构体构造函数的情况。

```
void func(char a[10])
{
    printf("%d\n", a[0]);
}

int main()
{
     char a[10] = {2};
     func(a);
}
```

该源代码可以顺利编译，并正常执行。在之后的构造函数中，将参数赋给成员变量中，这样在变换了 Block 语法的函数内可由成员变量赋值给自动变量。源代码预测如下。

```
void func(char a[10])
{
    char b[10] = a;
    printf("%d\n", b[0]);
}

int main()
{
    char a[10] = {2};
    func(a);
}
```

该源代码将C语言数组类型变量赋值给C语言数组类型变量中，这是不能编译的。虽然变量的类型以及数组的大小都相同，但C语言规范不允许这种赋值。当然，有许多方法可以截获值，但Blocks似乎更遵循C语言规范。

2.3.3 __block说明符

我们再来回顾前面截获自动变量值的例子。

```
^{printf(fmt, val);}
```

该源代码转换结果如下：

```
static void __main_block_func_0(struct __main_block_impl_0 *__cself)
{
    const char *fmt = __cself->fmt;
    int val = __cself->val;

    printf(fmt, val);
}
```

看完转换后的源代码，有没有什么发现呢？Block中所使用的被截获自动变量就如"带有自动变量值的匿名函数"所说，仅截获自动变量的值。Block中使用自动变量后，在Block的结构体实例中重写该自动变量也不会改变原先截获的自动变量。

以下源代码试图改变Block中的自动变量val。

```
int val = 0;

void (^blk)(void) = ^{val = 1;};
```

该源代码会产生以下编译错误：

```
error: variable is not assignable (missing __block type specifier)
    void (^blk)(void) = ^{val = 1;};
                          ~~~ ^
```

如前所述，因为在实现上不能改写被截获自动变量的值，所以当编译器在编译过程中检出给被截获自动变量赋值的操作时，便产生编译错误。

不过这样一来就无法在 Block 中保存值了，极为不便。

解决这个问题有两种方法。第一种：C 语言中有一个变量，允许 Block 改写值。具体如下：

- 静态变量
- 静态全局变量
- 全局变量

虽然 Block 语法的匿名函数部分简单地变换为了 C 语言函数，但从这个变换的函数中访问静态全局变量 / 全局变量并没有任何改变，可直接使用。

但是静态变量的情况下，转换后的函数原本就设置在含有 Block 语法的函数外，所以无法从变量作用域访问。

我们来看看下面这段源代码。

```
int global_val = 1;
static int static_global_val = 2;

int main()
{
    static int static_val = 3;

    void (^blk)(void) = ^{
        global_val *= 1;
        static_global_val *= 2;
        static_val *= 3;
    };

    return 0;
}
```

该源代码使用了 Block 改写静态变量 static_val、静态全局变量 static_global_val 和全局变量 global_val。该源代码转换后如下：

```
int global_val = 1;
static int static_global_val = 2;

struct __main_block_impl_0 {
    struct __block_impl impl;
    struct __main_block_desc_0* Desc;
    int *static_val;

    __main_block_impl_0(void *fp, struct __main_block_desc_0 *desc,
            int *_static_val, int flags=0) : static_val(_static_val) {
        impl.isa = &_NSConcreteStackBlock;
        impl.Flags = flags;
        impl.FuncPtr = fp;
        Desc = desc;
```

```
    }
};

static void __main_block_func_0(struct __main_block_impl_0 *__cself) {
    int *static_val = __cself->static_val;

    global_val *= 1;
    static_global_val *= 2;
    (*static_val) *= 3;
}

static struct __main_block_desc_0 {
    unsigned long reserved;
    unsigned long Block_size;
} __main_block_desc_0_DATA = {
    0,
    sizeof(struct __main_block_impl_0)
};

int main()
{
    static int static_val = 3;

    blk = &__main_block_impl_0(
        __main_block_func_0, &__main_block_desc_0_DATA, &static_val);

    return 0;
}
```

这个结果是大家很熟悉的，对静态全局变量 static_global_val 和全局变量 global_val 的访问与转换前完全相同。静态变量 static_val 又要如何转换的呢？以下摘出 Block 中使用该变量的部分。

```
static void __main_block_func_0(struct __main_block_impl_0 *__cself) {
    int *static_val = __cself->static_val;

    (*static_val) *= 3;
}
```

使用静态变量 static_val 的指针对其进行访问。将静态变量 static_val 的指针传递给 __main_block_impl_0 结构体的构造函数并保存。这是超出作用域使用变量的最简单方法。

静态变量的这种方法似乎也适用于自动变量的访问。但是我们为什么没有这么做呢？

实际上，在由 Block 语法生成的值 Block 上，可以存有超过其变量作用域的被截获对象的自动变量。变量作用域结束的同时，原来的自动变量被废弃，因此 Block 中超过变量作用域而存在的变量同静态变量一样，将不能通过指针访问原来的自动变量。这些在下节详细说明。

解决 Block 中不能保存值这一问题的第二种方法是使用“__block 说明符”。更准确的表述方式为“__block 存储域类说明符”（__block storage-class-specifier）。C 语言中有以下存储域类说明符：

- typedef
- extern
- static
- auto
- register

__block 说明符类似于 static、auto 和 register 说明符，它们用于指定将变量值设置到哪个存储域中。例如，auto 表示作为自动变量存储在栈中，static 表示作为静态变量存储在数据区中。

下面我们来实际使用 __block 说明符，用它来指定 Block 中想变更值的自动变量。我们在前面编译错误的源代码的自动变量声明上追加 __block 说明符。

```
__block int val = 10;

void (^blk)(void) = ^{val = 1;};
```

该源代码可进行编译。变换后如下：

```
struct __Block_byref_val_0 {
    void *__isa;
    __Block_byref_val_0 *__forwarding;
    int __flags;
    int __size;
    int val;
};

struct __main_block_impl_0 {
    struct __block_impl impl;
    struct __main_block_desc_0* Desc;
    __Block_byref_val_0 *val;

    __main_block_impl_0(void *fp, struct __main_block_desc_0 *desc,
            __Block_byref_val_0 *_val, int flags=0) : val(_val->__forwarding) {
        impl.isa = &_NSConcreteStackBlock;
        impl.Flags = flags;
        impl.FuncPtr = fp;
        Desc = desc;
    }
};

static void __main_block_func_0(struct __main_block_impl_0 *__cself)
{
    __Block_byref_val_0 *val = __cself->val;

    (val->__forwarding->val) = 1;
}

static void __main_block_copy_0(
    struct __main_block_impl_0*dst, struct __main_block_impl_0*src)
{
```

```
    _Block_object_assign(&dst->val, src->val, BLOCK_FIELD_IS_BYREF);
}

static void __main_block_dispose_0(struct __main_block_impl_0*src)
{
    _Block_object_dispose(src->val, BLOCK_FIELD_IS_BYREF);
}

static struct __main_block_desc_0 {
    unsigned long reserved;
    unsigned long Block_size;
    void (*copy)(struct __main_block_impl_0*, struct __main_block_impl_0*);
    void (*dispose)(struct __main_block_impl_0*);
} __main_block_desc_0_DATA = {
    0,
    sizeof(struct __main_block_impl_0),
    __main_block_copy_0,
    __main_block_dispose_0
};

int main()
{
    __Block_byref_val_0 val = {
        0,
        &val,
        0,
        sizeof(__Block_byref_val_0),
        10
    };

    blk = &__main_block_impl_0(
        __main_block_func_0, &__main_block_desc_0_DATA, &val, 0x22000000);

    return 0;
}
```

只是在自动变量上附加了 __block 说明符，源代码量就急剧增加。

```
__block int val = 10;
```

这个 __block 变量 val 是怎样转换过来的呢？

```
__Block_byref_val_0 val = {
    0,
    &val,
    0,
    sizeof(__Block_byref_val_0),
    10
};
```

我们发现，它竟然变为了结构体实例。__block 变量也同 Block 一样变成 __Block_byref_val_0 结构体类型的自动变量，即栈上生成的 __Block_byref_val_0 结构体实例。该变量初始化为 10，且这个值也出现在结构体实例的初始化中，这意味着该结构体持有相当于原自动变量的成员变量。

该结构体声明如下：

```
struct __Block_byref_val_0 {
    void *__isa;
    __Block_byref_val_0 *__forwarding;
    int __flags;
    int __size;
    int val;
};
```

如同初始化时的源代码，该结构体中最后的成员变量 val 是相当于原自动变量的成员变量，我们从它的名称也能看出来这一点。

下面这段给 __block 变量赋值的代码又如何呢？

```
^{val = 1;}
```

该源代码转换如下：

```
static void __main_block_func_0(struct __main_block_impl_0 *__cself)
{
    __Block_byref_val_0 *val = __cself->val;

    (val->__forwarding->val) = 1;
}
```

刚刚在 Block 中向静态变量赋值时，使用了指向该静态变量的指针。而向 __block 变量赋值要比这个更为复杂。Block 的 __main_block_impl_0 结构体实例持有指向 __block 变量的 __Block_byref_val_0 结构体实例的指针。

__Block_byref_val_0 结构体实例的成员变量 __forwarding 持有指向该实例自身的指针。通过成员变量 __forwarding 访问成员变量 val。（成员变量 val 是该实例自身持有的变量，它相当于原自动变量。）如图 2-5 所示。

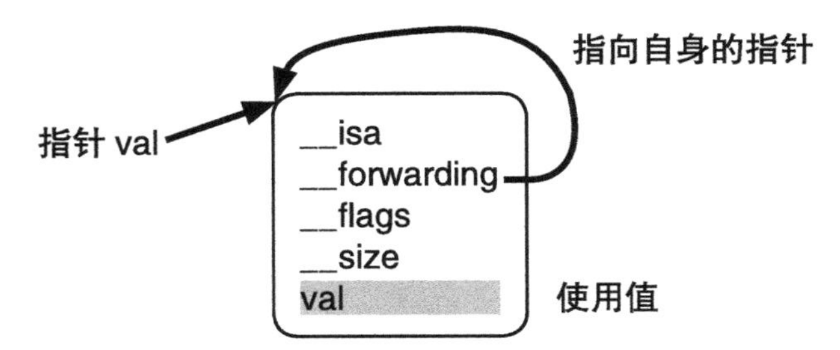

图 2-5 访问 __block 变量

究竟为什么会有成员变量 __forwarding 呢？这个问题，我们留到下节详细说明。

另外，__block 变量的 __Block_byref_val_0 结构体并不在 Block 用 __main_block_impl_0 结

构体中，这样做是为了在多个 Block 中使用 __block 变量。我们看一下下面的源代码。

```
__block int val = 10;

void (^blk0)(void) = ^{val = 0;};

void (^blk1)(void) = ^{val = 1;};
```

Block 类型变量 blk0 和 blk1 访问 __block 变量 val。我们把这两部分源代码的转换结果摘录出来。

```
__Block_byref_val_0 val = {0, &val, 0, sizeof(__Block_byref_val_0), 10};

blk0 = &__main_block_impl_0(
    __main_block_func_0, &__main_block_desc_0_DATA, &val, 0x22000000);

blk1 = &__main_block_impl_1(
    __main_block_func_1, &__main_block_desc_1_DATA, &val, 0x22000000);
```

两个 Block 都使用了 __Block_byref_val_0 结构体实例 val 的指针。这样一来就可以从多个 Block 中使用同一个 __block 变量。当然，反过来从一个 Block 中使用多个 __block 变量也是可以的。只要增加 Block 的结构体成员变量与构造函数的参数，便可对应使用多个 __block 变量。

到此大概能够理解 __block 变量了。下节主要说明之前跳过部分的内容：

- Block 超出变量作用域可存在的理由
- __block 变量的结构体成员变量 __forwarding 存在的理由

另外，将在 2.3.6 节中详细说明 __main_block_desc_0 结构体中增加的成员变量 copy 和 dispose。

2.3.4　Block 存储域

通过前面说明可知，Block 转换为 Block 的结构体类型的自动变量，__block 变量转换为 __block 变量的结构体类型的自动变量。所谓结构体类型的自动变量，即栈上生成的该结构体的实例。如表 2-2 所示。

表 2-2　Block 与 __block 变量的实质

名称	实质
Block	栈上 Block 的结构体实例
__block 变量	栈上 __block 变量的结构体实例

另外，通过之前的说明可知 Block 也是 Objective-C 对象。将 Block 当作 Objective-C 对象来看时，该 Block 的类为 _NSConcreteStackBlock。虽然该类并没有出现在已变换源代码中，但有

很多与之类似的类，如：

- _NSConcreteStackBlock
- _NSConcreteGlobalBlock
- _NSConcreteMallocBlock

首先，我们能够注意到 _NSConcreteStackBlock 类的名称中含有“栈”（stack）一词，即该类的对象 Block 设置在栈上。

同样地，_NSConcreteGlobalBlock 类对象如其名“全局”（global）所示，与全局变量一样，设置在程序的数据区域（.data 区）中。

_NSConcreteMallocBlock 类对象则设置在由 malloc 函数分配的内存块（即堆）中。

具体整理如表 2-3 及图 2-6 所示。

表 2-3　Block 的类

类	设置对象的存储域
_NSConcreteStackBlock	栈
_NSConcreteGlobalBlock	程序的数据区域（.data 区）
_NSConcreteMallocBlock	堆

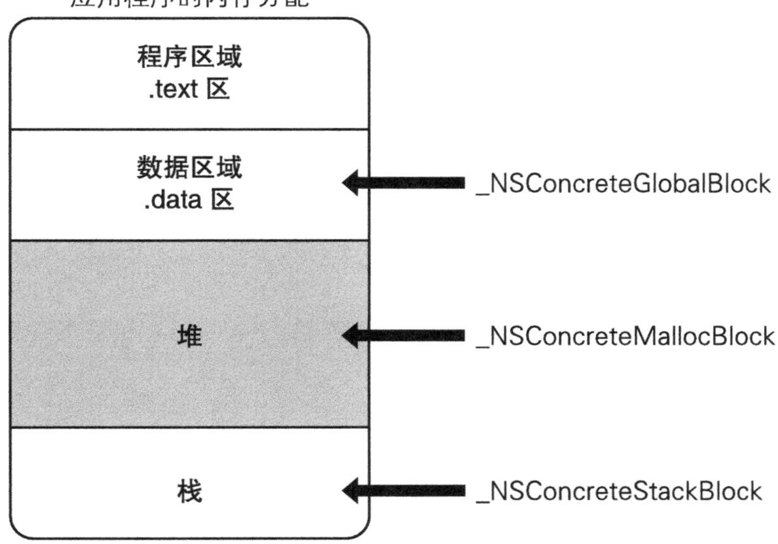

图 2-6　设置 Block 的存储域

到现在为止出现的 Block 例子使用的都是 _NSConcreteStackBlock 类，且都设置在栈上。但实际上并非全是这样，在记述全局变量的地方使用 Block 语法时，生成的 Block 为 _

NSConcreteGlobalBlock 类对象。例如：

```
void (^blk)(void) = ^{printf("Global Block\n");};

int main()
{
```

此源代码通过声明全局变量 blk 来使用 Block 语法。如果转换该源代码，就会生成在 2.3.1 节中讲到的那种 Block，Block 用结构体的成员变量 isa 的初始化如下：

```
impl.isa = &_NSConcreteGlobalBlock;
```

该 Block 的类为 _NSConcreteGlobalBlock 类。此 Block 即该 Block 用结构体实例设置在程序的数据区域中。因为在使用全局变量的地方不能使用自动变量，所以不存在对自动变量进行截获。由此 Block 用结构体实例的内容不依赖于执行时的状态，所以整个程序中只需一个实例。因此将 Block 用结构体实例设置在与全局变量相同的数据区域中即可。

只在截获自动变量时，Block 用结构体实例截获的值才会根据执行时的状态变化。例如以下源代码中，虽然多次使用同一个 Block 语法，但每个 for 循环中截获的自动变量的值都不同。

```
typedef int (^blk_t)(int);

for (int rate = 0; rate < 10; ++rate) {

    blk_t blk = ^(int count){return rate * count;};

}
```

上面 Block 语法生成的 Block 用结构体实例在每次 for 循环中截获的值都不同。但是以下源代码中在不截获自动变量时，Block 用结构体实例每次截获的值都完全相同。

```
typedef int (^blk_t)(int);

for (int rate = 0; rate < 10; ++rate) {

    blk_t blk = ^(int count){return count;};

}
```

也就是说，即使在函数内而不在记述广域变量的地方使用 Block 语法时，只要 Block 不截获自动变量，就可以将 Block 用结构体实例设置在程序的数据区域。

虽然通过 clang 转换的源代码通常是 _NSConcreteStackBlock 类对象，但实现上却有不同。总结如下：

- 记述全局变量的地方有 Block 语法时
- Block 语法的表达式中不使用应截获的自动变量时

在以上这些情况下，Block 为 _NSConcreteGlobalBlock 类对象。即 Block 配置在程序的数据区域中。除此之外的 Block 语法生成的 Block 为 _NSConcreteStackBlock 类对象，且设置在栈上。

那么将 Block 配置在堆上的 _NSConcreteMallocBlock 类在何时使用呢？这正是上一节最后遗留问题的答案。上节遗留问题为：

- Block 超出变量作用域可存在的原因
- __block 变量用结构体成员变量 __forwarding 存在的原因

配置在全局变量上的 Block，从变量作用域外也可以通过指针安全地使用。但设置在栈上的 Block，如果其所属的变量作用域结束，该 Block 就被废弃。由于 __block 变量也配置在栈上，同样地，如果其所属的变量作用域结束，则该 __block 变量也会被废弃。如图 2-7 所示。

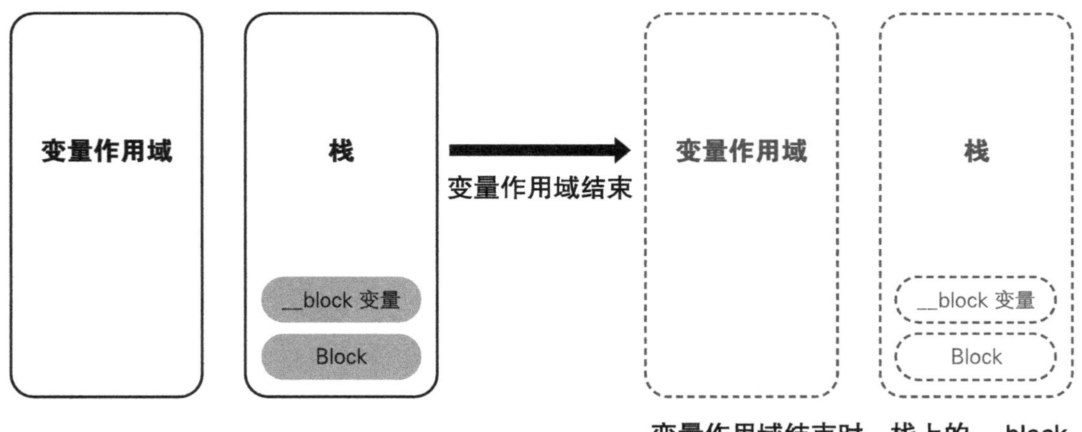

图 2-7 栈上的 Block 与 __block 变量

Blocks 提供了将 Block 和 __block 变量从栈上复制到堆上的方法来解决这个问题。将配置在栈上的 Block 复制到堆上，这样即使 Block 语法记述的变量作用域结束，堆上的 Block 还可以继续存在。如图 2-8 所示。

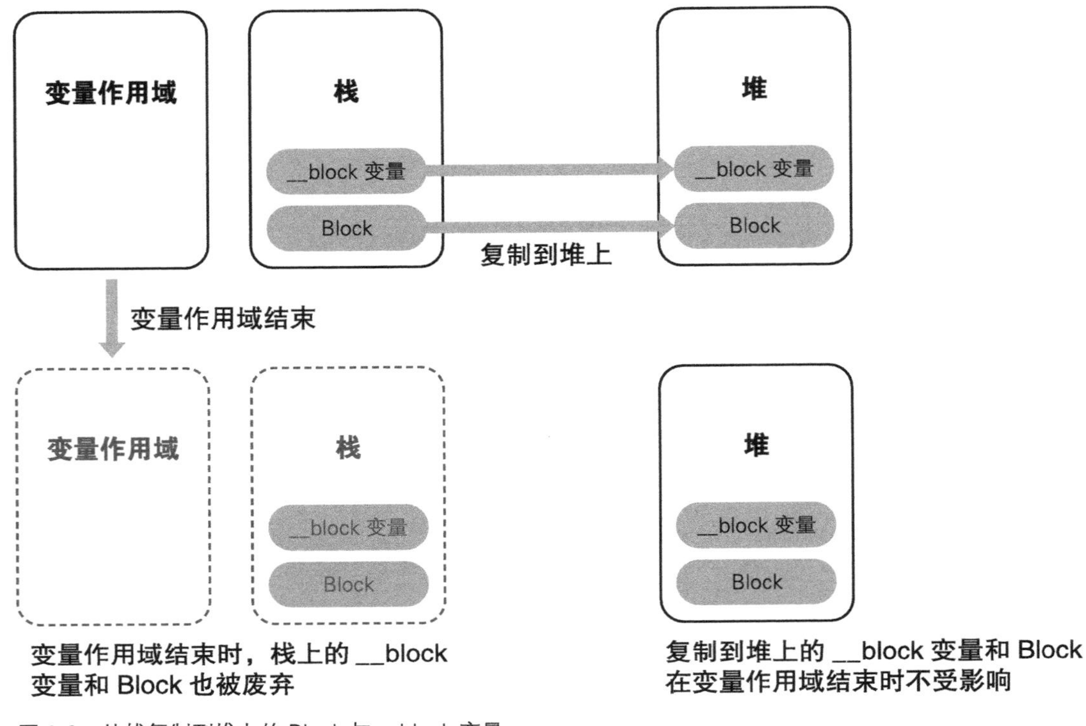

图 2-8　从栈复制到堆上的 Block 与 __block 变量

复制到堆上的 Block 将 _NSConcreteMallocBlock 类对象写入 Block 用结构体实例的成员变量 isa。

```
impl.isa = &_NSConcreteMallocBlock;
```

而 __block 变量用结构体成员变量 __forwarding 可以实现无论 __block 变量配置在栈上还是堆上时都能够正确地访问 __block 变量。

在 2.3.5 节中已详细说明，有时在 __block 变量配置在堆上的状态下，也可以访问栈上的 __block 变量。在此情形下，只要栈上的结构体实例成员变量 __forwarding 指向堆上的结构体实例，那么不管是从栈上的 __block 变量还是从堆上的 __block 变量都能够正确访问。

那么 Blocks 提供的复制方法究竟是什么呢？实际上当 ARC 有效时，大多数情形下编译器会恰当地进行判断，自动生成将 Block 从栈上复制到堆上的代码。我们来看一下下面这个返回 Block 的函数。

```
typedef int (^blk_t)(int);

blk_t func(int rate)
{
    return ^(int count){return rate * count;};
}
```

该源代码为返回配置在栈上的 Block 的函数。即程序执行中从该函数返回函数调用方时变量作用域结束，因此栈上的 Block 也被废弃。虽然有这样的问题，但该源代码通过对应 ARC 的编译器可转换如下：

```
blk_t func(int rate)
{
    blk_t tmp = &__func_block_impl_0(
        __func_block_func_0, &__func_block_desc_0_DATA, rate);

    tmp = objc_retainBlock(tmp);

    return objc_autoreleaseReturnValue(tmp);
}
```

另外，因为 ARC 处于有效的状态，所以 blk_t tmp 实际上与附有 __strong 修饰符的 blk_t __strong tmp 相同。

然而通过 objc4 运行时库的 runtime/objc-arr.mm 可知，objc_retainBlock 函数实际上就是 _Block_copy 函数。即：

```
tmp = _Block_copy(tmp);

return objc_autoreleaseReturnValue(tmp);
```

过程中到底发生了什么呢？我们通过下列源代码中的注释来看看。

```
/*
 * 将通过 Block 语法生成的 Block，
 * 即配置在栈上的 Block 用结构体实例
 * 赋值给相当于 Block 类型的变量 tmp 中。
 */

tmp = _Block_copy(tmp);

/*
 * _Block_copy 函数
 * 将栈上的 Block 复制到堆上。
 * 复制后，将堆上的地址作为指针赋值给变量 tmp。
 */

return objc_autoreleaseReturnValue(tmp);

/*
 * 将堆上的 Block 作为 Objective-C 对象
 * 注册到 autoreleasepool 中，然后返回该对象。
 */
```

将 Block 作为函数返回值返回时，编译器会自动生成复制到堆上的代码。

前面讲到过“大多数情况下编译器会适当地进行判断”，不过在此之外的情况下需要手动生成代码，将 Block 从栈上复制到堆上。此时我们使用“copy 实例方法”。这就是 ARC 一章中大量出现的 alloc/new/copy/mutableCopy 方法中的一个方法，copy 方法。那么编译器不能进行判断究竟是什么样的状况呢？如下所示：

- 向方法或函数的参数中传递 Block 时

但是如果在方法或函数中适当地复制了传递过来的参数，那么就不必在调用该方法或函数前手动复制了。以下方法或函数不用手动复制。

- Cocoa 框架的方法且方法名中含有 usingBlock 等时
- Grand Central Dispatch 的 API

举个具体例子，在使用 NSArray 类的 enumerateObjectsUsingBlock 实例方法以及 dispatch_async 函数时，不用手动复制。相反地，在 NSArray 类的 initWithObjects 实例方法上传递 Block 时需要手动复制。下面我们来看看源代码。

```
- (id) getBlockArray
{
    int val = 10;

    return [[NSArray alloc] initWithObjects:
        ^{NSLog(@"blk0:%d", val);},
        ^{NSLog(@"blk1:%d", val);}, nil];
}
```

getBlockArray 方法在栈上生成两个 Block，并传递给 NSArray 类的 initWithObjects 实例方法。下面，在 getBlockArray 方法调用方，从 NSArray 对象中取出 Block 并执行。

```
id obj = getBlockArray();

typedef void (^blk_t)(void);

blk_t blk = (blk_t)[obj objectAtIndex:0];

blk();
```

该源代码的 blk( )，即 Block 在执行时发生异常，应用程序强制结束。这是由于在 getBlockArray 函数执行结束时，栈上的 Block 被废弃的缘故。可惜此时编译器不能判断是否需要复制。也可以不让编译器进行判断，而使其在所有情况下都能复制。但将 Block 从栈上复制到堆上是相当消耗 CPU 的。当 Block 设置在栈上也能够使用时，将 Block 从栈上复制到堆上只是在浪费 CPU 资源。因此只在此情形下让编程人员手动进行复制。

该源代码像下面这样修改一下即可正常运行。

```
- (id) getBlockArray
{
    int val = 10;
```

```
        return [[NSArray alloc] initWithObjects:
            [^{NSLog(@"blk0:%d", val);} copy],
            [^{NSLog(@"blk1:%d", val);} copy], nil];
    }
```

虽然看起来有点奇怪，但像这样，对于 Block 语法可直接调用 copy 方法。当然对于 Block 类型变量也可以调用 copy 方法。

```
typedef int (^blk_t)(int);

blk_t blk = ^(int count){return rate * count;};

blk = [blk copy];
```

另外，对于已配置在堆上的 Block 以及配置在程序的数据区域上的 Block，调用 copy 方法又会如何呢？笔者按配置 Block 的存储域，将 copy 方法进行复制的动作总结了出来，如表 2-4 所示。

表 2-4　Block 的副本

Block 的类	副本源的配置存储域	复制效果
_NSConcreteStackBlock	栈	从栈复制到堆
_NSConcreteGlobalBlock	程序的数据区域	什么也不做
_NSConcreteMallocBlock	堆	引用计数增加

不管 Block 配置在何处，用 copy 方法复制都不会引起任何问题。在不确定时调用 copy 方法即可。

但是在 ARC 中不能显式地 release，那么多次调用 copy 方法进行复制有没有问题呢？我们看一下下面源代码。

```
blk = [[[[blk copy] copy] copy] copy];
```

该源代码可解释如下：

```
{
    blk_t tmp = [blk copy];
    blk = tmp;
}
{
    blk_t tmp = [blk copy];
    blk = tmp;
}
{
    blk_t tmp = [blk copy];
    blk = tmp;
}
{
    blk_t tmp = [blk copy];
    blk = tmp;
}
```

加入注释：

```
{
    /*
     * 将配置在栈上的Block
     * 赋值给变量blk中。
     */

    blk_t tmp = [blk copy];

    /*
     * 将配置在堆上的Block赋值给变量tmp中,
     * 变量tmp持有强引用的Block。
     */

    blk = tmp;

    /*
     * 将变量tmp的Block赋值为变量blk ,
     * 变量blk持有强引用的Block。
     *
     * 因为原先赋值的Block配置在栈上,
     * 所以不受此赋值的影响。
     *
     * 此时Block的持有者为
     * 变量blk和变量tmp。
     */

}   /*
     * 由于变量作用域结束,所以变量tmp被废弃,
     * 其强引用失效并释放所持有的Block。
     *
     * 由于Block被变量blk持有,
     * 所以没有被废弃。
     */


{
    /*
     * 配置在堆上的Block被赋值变量blk,同时变量blk
     * 持有强制引用的Block。
     */

    blk_t tmp = [blk copy];

    /*
     * 配置在堆上的Block被赋值到变量tmp中,变量tmp
     * 持有强引用的Block。
     */

    blk = tmp;

    /*
     * 由于向变量blk进行了赋值,
     * 所以现在赋值的Block的强引用失效,
```

```
            * Block 被释放。
            *
            * 由于 Block 被变量 tmp 所持有，
            * 所以没有被废弃。
            *
            * 变量 blk 中赋值了变量 tmp 的 Block，
            * 变量 blk 持有强引用的 Block。
            *
            * 此时 Block 的持有者为
            * 变量 blk 和变量 tmp。
            */

    }    /*
            * 由于变量作用域结束，变量 tmp 则被废弃，
            * 其强引用失效并释放所持有的 Block。
            *
            * 由于变量 blk 还处于持有的状态，
            * Block 没有被废弃。
            */

    /*
     * 下面重复此过程
     */
```

由此可看出，ARC 有效时完全没有问题。

2.3.5 __block 变量存储域

上节只对 Block 进行了说明，那么对 __block 变量又是如何处理的呢？使用 __block 变量的 Block 从栈复制到堆上时，__block 变量也会受到影响。总结如表 2-5 所示。

表 2-5　Block 从栈复制到堆时对 __block 变量产生的影响

__block 变量的配置存储域	Block 从栈复制到堆时的影响
栈	从栈复制到堆并被 Block 持有
堆	被 Block 持有

若在 1 个 Block 中使用 __block 变量，则当该 Block 从栈复制到堆时，使用的所有 __block 变量也必定配置在栈上。这些 __block 变量也全部被从栈复制到堆。此时，Block 持有 __block 变量。即使在该 Block 已复制到堆的情形下，复制 Block 也对所使用的 __block 变量没有任何影响。如图 2-9 所示。

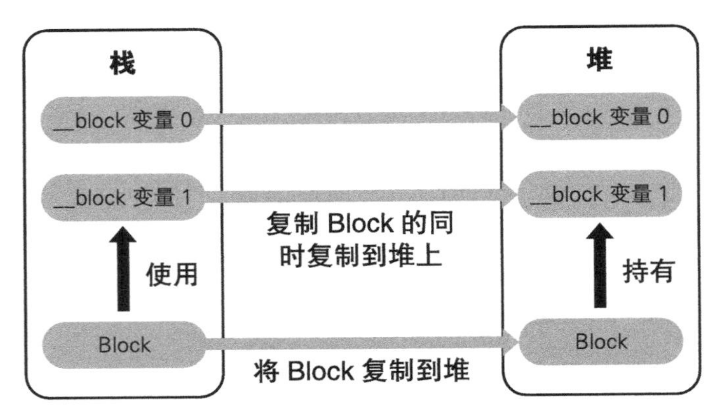

图 2-9　在一个 Block 中使用 __block 变量

在多个 Block 中使用 __block 变量时，因为最先会将所有的 Block 配置在栈上，所以 __block 变量也会配置在栈上。在任何一个 Block 从栈复制到堆时，__block 变量也会一并从栈复制到堆并被该 Block 所持有。当剩下的 Block 从栈复制到堆时，被复制的 Block 持有 __block 变量，并增加 __block 变量的引用计数。如图 2-10 所示。

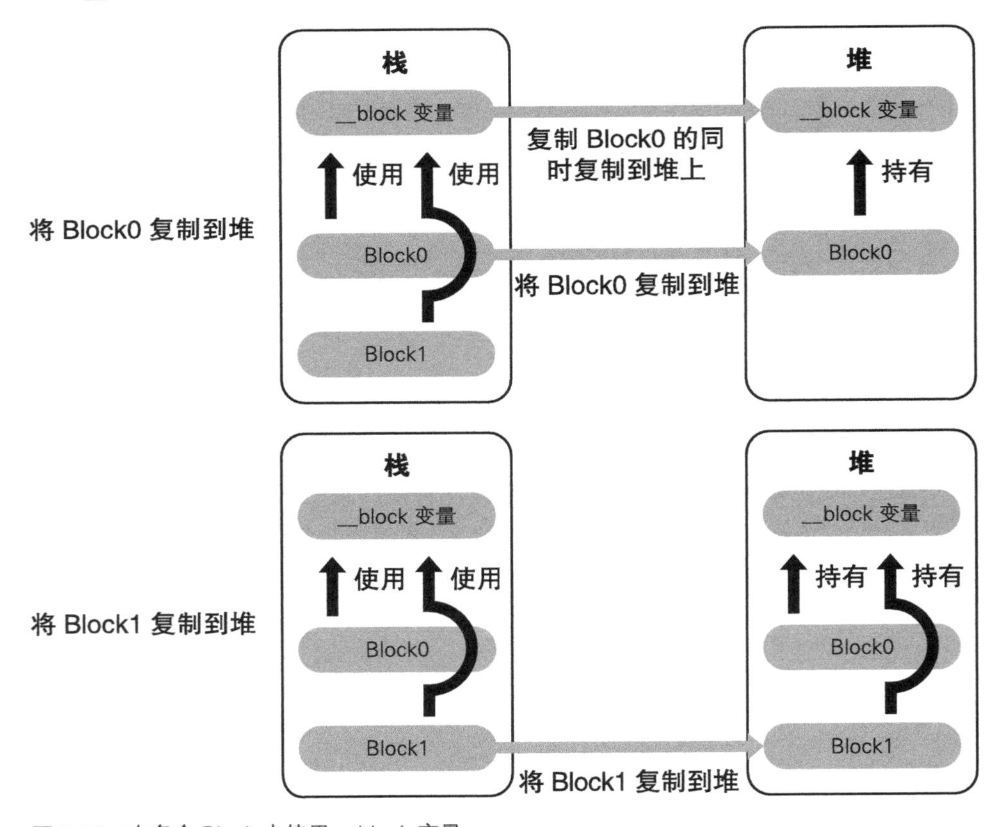

图 2-10　在多个 Block 中使用 __block 变量

如果配置在堆上的 Block 被废弃，那么它所使用的 __block 变量也就被释放。如图 2-11 所示。

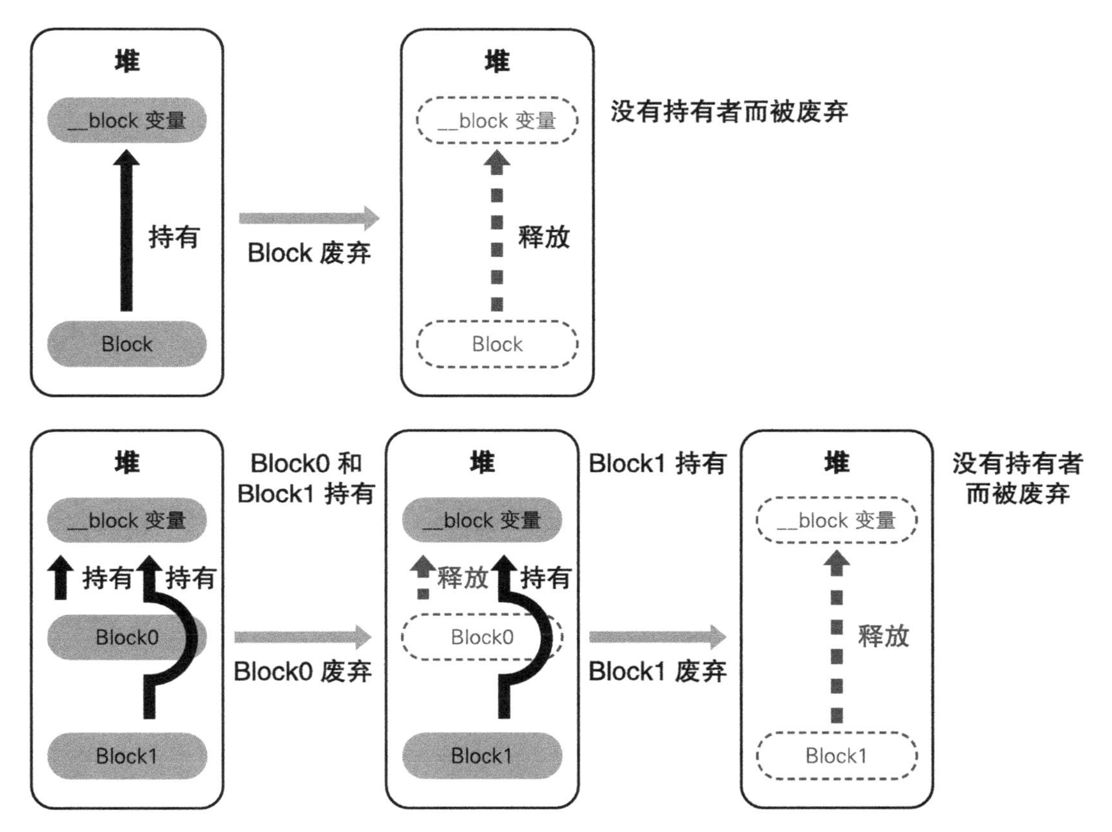

图 2-11 Block 的废弃和 __block 变量的释放

到这里我们可以看出，此思考方式与 Objective-C 的引用计数式内存管理完全相同。使用 __block 变量的 Block 持有 __block 变量。如果 Block 被废弃，它所持有的 __block 变量也就被释放。

那么在理解了 __block 变量的存储域之后，我们再回顾一下 2.3.4 节中讲过的使用 __block 变量用结构体成员变量 __forwarding 的原因。"不管 __block 变量配置在栈上还是在堆上，都能够正确地访问该变量"。正如这句话所述，通过 Block 的复制，__block 变量也从栈复制到堆。此时可同时访问栈上的 __block 变量和堆上的 __block 变量。源代码如下：

```
__block int val = 0;

void (^blk)(void) = [^{++val;} copy];

++val;

blk();

NSLog(@"%d", val);
```

利用 copy 方法复制使用了 __block 变量的 Block 语法。Block 和 __block 变量两者均是从栈复制到堆。此代码中在 Block 语法的表达式中使用初始化后的 __block 变量。

```
^{++val;}
```

然后在 Block 语法之后使用与 Block 无关的变量。

```
++val;
```

以上两种源代码均可转换为如下形式：

```
++(val.__forwarding->val);
```

在变换 Block 语法的函数中，该变量 val 为复制到堆上的 __block 变量用结构体实例，而使用的与 Block 无关的变量 val，为复制前栈上的 __block 变量用结构体实例。

但是栈上的 __block 变量用结构体实例在 __block 变量从栈复制到堆上时，会将成员变量 __forwarding 的值替换为复制目标堆上的 __block 变量用结构体实例的地址。如图 2-12 所示。

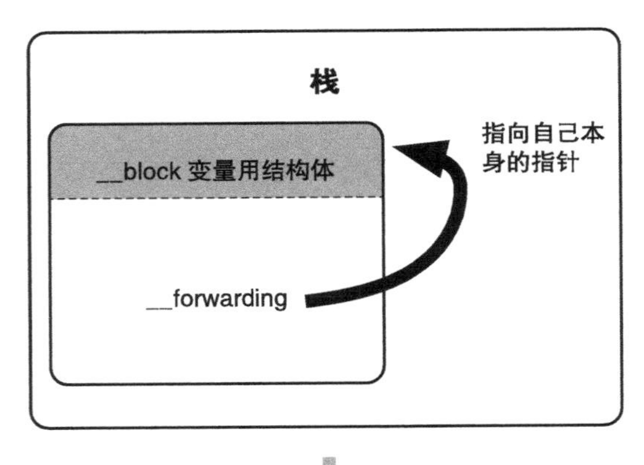

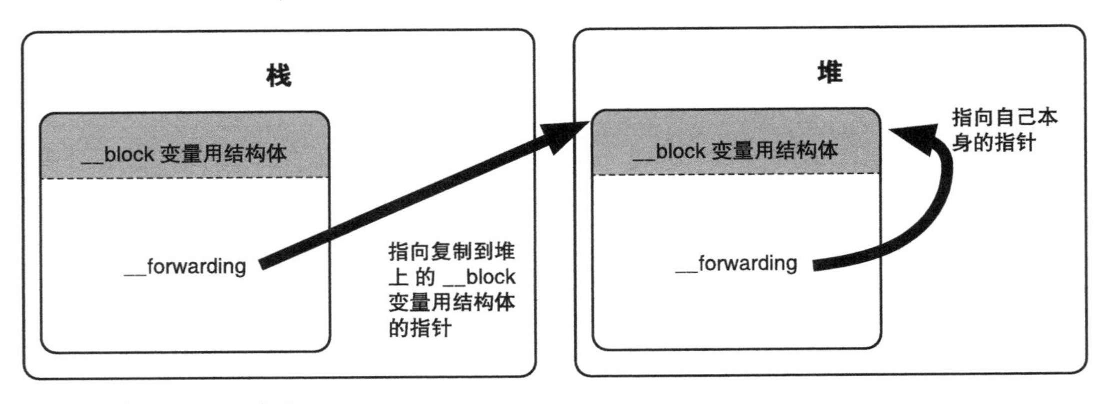

图 2-12　复制 __block 变量

通过该功能，无论是在Block语法中、Block语法外使用__block变量，还是__block变量配置在栈上或堆上，都可以顺利地访问同一个__block变量。

2.3.6 截获对象

以下源代码生成并持有NSMutableArray类的对象，由于附有__strong修饰符的赋值目标变量的作用域立即结束，因此对象被立即释放并废弃。

```
{
    id array = [[NSMutableArray alloc] init];
}
```

我们来看一下在Block语法中使用该变量array的代码：

```
blk_t blk;

{
    id array = [[NSMutableArray alloc] init];
    blk = [^(id obj) {

        [array addObject:obj];

        NSLog(@"array count = %ld", [array count]);

    } copy];
}

blk([[NSObject alloc] init]);
blk([[NSObject alloc] init]);
blk([[NSObject alloc] init]);
```

变量作用域结束的同时，变量array被废弃，其强引用失效，因此赋值给变量array的NSMutableArray类的对象必定被释放并废弃。但是该源代码运行正常，其执行结果如下：

```
array count = 1
array count = 2
array count = 3
```

这一结果意味着赋值给变量array的NSMutableArray类的对象在该源代码最后Block的执行部分超出其变量作用域而存在。通过编译器转换后的源代码如下：

```
/* Block 用结构体 / 函数部分 */

struct __main_block_impl_0 {
    struct __block_impl impl;
    struct __main_block_desc_0* Desc;
    id __strong array;
```

```
    __main_block_impl_0(void *fp, struct __main_block_desc_0 *desc,
            id __strong _array, int flags=0) : array(_array) {
        impl.isa = &_NSConcreteStackBlock;
        impl.Flags = flags;
        impl.FuncPtr = fp;
        Desc = desc;
    }
};

static void __main_block_func_0(struct __main_block_impl_0 *__cself, id obj) {
    id __strong array = __cself->array;

    [array addObject:obj];

    NSLog(@"array count = %ld", [array count]);
}

static void __main_block_copy_0(struct __main_block_impl_0 *dst,
        struct __main_block_impl_0 *src)
{
    _Block_object_assign(&dst->array, src->array, BLOCK_FIELD_IS_OBJECT);
}

static void __main_block_dispose_0(struct __main_block_impl_0 *src)
{
    _Block_object_dispose(src->array, BLOCK_FIELD_IS_OBJECT);
}

static struct __main_block_desc_0 {
    unsigned long reserved;
    unsigned long Block_size;
    void (*copy)(struct __main_block_impl_0*, struct __main_block_impl_0*);
    void (*dispose)(struct __main_block_impl_0*);
} __main_block_desc_0_DATA = {
    0,
    sizeof(struct __main_block_impl_0),
    __main_block_copy_0,
    __main_block_dispose_0
};
```

```
/* Block语法，使用Block部分 */

blk_t blk;

{
    id __strong array = [[NSMutableArray alloc] init];

    blk = &__main_block_impl_0(
        __main_block_func_0, &__main_block_desc_0_DATA, array, 0x22000000);
    blk = [blk copy];
}

(*blk->impl.FuncPtr)(blk, [[NSObject alloc] init]);
```

```
(*blk->impl.FuncPtr)(blk, [[NSObject alloc] init]);
(*blk->impl.FuncPtr)(blk, [[NSObject alloc] init]);
```

请注意被赋值 NSMutableArray 类对象并被截获的自动变量 array。我们可以发现它是 Block 用的结构体中附有 __strong 修饰符的成员变量。

```
struct __main_block_impl_0 {
    struct __block_impl impl;
    struct __main_block_desc_0* Desc;
    id __strong array;
};
```

按照 1.3.4 节，在 Objective-C 中，C 语言结构体不能含有附有 __strong 修饰符的变量。因为编译器不知道应何时进行 C 语言结构体的初始化和废弃操作，不能很好地管理内存。

但是 Objective-C 的运行时库能够准确把握 Block 从栈复制到堆以及堆上的 Block 被废弃的时机，因此 Block 用结构体中即使含有附有 __strong 修饰符或 __weak 修饰符的变量，也可以恰当地进行初始化和废弃。为此需要使用在 __main_block_desc_0 结构体中增加的成员变量 copy 和 dispose，以及作为指针赋值给该成员变量的 __main_block_copy_0 函数和 __main_block_dispose_0 函数。

由于在该源代码的 Block 用结构体中，含有附有 __strong 修饰符的对象类型变量 array，所以需要恰当管理赋值给变量 array 的对象。因此 __main_block_copy_0 函数使用 _Block_object_assign 函数将对象类型对象赋值给 Block 用结构体的成员变量 array 中并持有该对象。

```
static void __main_block_copy_0(struct __main_block_impl_0 *dst,
        struct __main_block_impl_0 *src)
{
     _Block_object_assign(&dst->array, src->array, BLOCK_FIELD_IS_OBJECT);
}
```

_Block_object_assign 函数调用相当于 retain 实例方法的函数，将对象赋值在对象类型的结构体成员变量中。

另外，__main_block_dispose_0 函数使用 _Block_object_dispose 函数，释放赋值在 Block 用结构体成员变量 array 中的对象。

```
static void __main_block_dispose_0(struct __main_block_impl_0 *src)
{
    _Block_object_dispose(src->array, BLOCK_FIELD_IS_OBJECT);
}
```

_Block_object_dispose 函数调用相当于 release 实例方法的函数，释放赋值在对象类型的结构体成员变量中的对象。

虽然此 __main_block_copy_0 函数（以下简称 copy 函数）和 __main_block_dispose_0 函数（以下简称 dispose 函数）指针被赋值在 __main_block_desc_0 结构体成员变量 copy 和 dispose 中，但

在转换后的源代码中，这些函数包括使用指针全都没有被调用。那么这些函数是从哪调用呢？

在 Block 从栈复制到堆时以及堆上的 Block 被废弃时会调用这些函数。我们整理到表 2-6 看看：

表 2-6　调用 copy 函数和 dispose 函数的时机

函数	调用时机
copy 函数	栈上的 Block 复制到堆时
dispose 函数	堆上的 Block 被废弃时

那么什么时候栈上的 Block 会复制到堆呢？

- 调用 Block 的 copy 实例方法时
- Block 作为函数返回值返回时
- 将 Block 赋值给附有 __strong 修饰符 id 类型的类或 Block 类型成员变量时
- 在方法名中含有 usingBlock 的 Cocoa 框架方法或 Grand Central Dispatch 的 API 中传递 Block 时

在调用 Block 的 copy 实例方法时，如果 Block 配置在栈上，那么该 Block 会从栈复制到堆。Block 作为函数返回值返回时、将 Block 赋值给附有 __strong 修饰符 id 类型的类或 Block 类型成员变量时，编译器自动地将对象的 Block 作为参数并调用 _Block_copy 函数，这与调用 Block 的 copy 实例方法的效果相同。在方法名中含有 usingBlock 的 Cocoa 框架方法或 Grand Central Dispatch 的 API 中传递 Block 时，在该方法或函数内部对传递过来的 Block 调用 Block 的 copy 实例方法或者 _Block_copy 函数。

也就是说，虽然从源代码来看，在上面这些情况下栈上的 Block 被复制到堆上，但其实可归结为 _Block_copy 函数被调用时 Block 从栈复制到堆。

相对的，在释放复制到堆上的Block后，谁都不持有Block而使其被废弃时调用dispose函数。这相当于对象的 dealloc 实例方法。

有了这种构造，通过使用附有 __strong 修饰符的自动变量，Block 中截获的对象就能够超出其变量作用域而存在。

虽然这种使用 copy 函数和 dispose 函数的方法在 2.2.4 节中没做任何说明，但实际上在使用 __block 变量时已经用到了。

```
static void __main_block_copy_0(
    struct __main_block_impl_0*dst, struct __main_block_impl_0*src)
{
    _Block_object_assign(&dst->val, src->val, BLOCK_FIELD_IS_BYREF);
}

static void __main_block_dispose_0(struct __main_block_impl_0*src)
{
    _Block_object_dispose(src->val, BLOCK_FIELD_IS_BYREF);
}
```

转换后的源代码在 Block 用结构体的部分基本相同，其不同之处如表 2-7 所示：

表 2-7 截获对象时和使用 __block 变量时的不同

对象	BLOCK_FIELD_IS_OBJECT
__block 变量	BLOCK_FIELD_IS_BYREF

通过 BLOCK_FIELD_IS_OBJECT 和 BLOCK_FIELD_IS_BYREF 参数，区分 copy 函数和 dispose 函数的对象类型是对象还是 __block 变量。

但是与 copy 函数持有截获的对象、dispose 函数释放截获的对象相同，copy 函数持有所使用的 __block 变量，dispose 函数释放所使用的 __block 变量。

由此可知，Block 中使用的赋值给附有 __strong 修饰符的自动变量的对象和复制到堆上的 __block 变量由于被堆上的 Block 所持有，因而可超出其变量作用域而存在。

那么在刚才的源代码中，如果不调用 Block 的 copy 实例方法又会如何呢？

```
blk_t blk;

{
    id array = [[NSMutableArray alloc] init];

    blk = ^(id obj) {

        [array addObject:obj];

        NSLog(@"array count = %ld", [array count]);

    };
}

blk([[NSObject alloc] init]);
blk([[NSObject alloc] init]);
blk([[NSObject alloc] init]);
```

执行该源代码后，程序会强制结束。

因为只有调用 _Block_copy 函数才能持有截获的附有 __strong 修饰符的对象类型的自动变量值，所以像上面源代码这样不调用 _Block_copy 函数的情况下，即使截获了对象，它也会随着变量作用域的结束而被废弃。

因此，Block 中使用对象类型自动变量时，除以下情形外，推荐调用 Block 的 copy 实例方法。

- Block 作为函数返回值返回时
- 将 Block 赋值给类的附有 __strong 修饰符的 id 类型或 Block 类型成员变量时
- 向方法名中含有 usingBlock 的 Cocoa 框架方法或 Grand Central Dispatch 的 API 中传递 Block 时

2.3.7 __block 变量和对象

__block 说明符可指定任何类型的自动变量。下面指定用于赋值 Objective-C 对象的 id 类型自动变量。

```
__block id obj = [[NSObject alloc] init];
```

其实该代码等同于：

```
__block id __strong obj = [[NSObject alloc] init];
```

ARC 有效时，id 类型以及对象类型变量必定附加所有权修饰符，缺省为附有 __strong 修饰符的变量。该代码可通过 clang 转换如下：

```
/* __block 变量用结构体部分 */

struct __Block_byref_obj_0 {
    void *__isa;
    __Block_byref_obj_0 *__forwarding;
    int __flags;
    int __size;
    void (*__Block_byref_id_object_copy)(void*, void*);
    void (*__Block_byref_id_object_dispose)(void*);
    __strong id obj;
};

static void __Block_byref_id_object_copy_131(void *dst, void *src) {
    _Block_object_assign((char*)dst + 40, *(void * *) ((char*)src + 40), 131);
}

static void __Block_byref_id_object_dispose_131(void *src) {
    _Block_object_dispose(*(void * *) ((char*)src + 40), 131);
}
```

```
/* __block 变量声明部分 */

 __Block_byref_obj_0 obj = {
    0,
    &obj,
    0x2000000,
    sizeof(__Block_byref_obj_0),
    __Block_byref_id_object_copy_131,
    __Block_byref_id_object_dispose_131,
    [[NSObject alloc] init]
};
```

在这里出现了上一节讲到的 _Block_object_assign 函数和 _Block_object_dispose 函数。

在 Block 中使用附有 __strong 修饰符的 id 类型或对象类型自动变量的情况下，当 Block 从栈复制到堆时，使用 _Block_object_assign 函数，持有 Block 截获的对象。当堆上的 Block 被废弃时，使用 _Block_object_dispose 函数，释放 Block 截获的对象。

在 __block 变量为附有 __strong 修饰符的 id 类型或对象类型自动变量的情形下会发生同样的过程。当 __block 变量从栈复制到堆时，使用 _Block_object_assign 函数，持有赋值给 __block 变量的对象。当堆上的 __block 变量被废弃时，使用 _Block_object_dispose 函数，释放赋值给 __block 变量的对象。

由此可知，即使对象赋值复制到堆上的附有 __strong 修饰符的对象类型 __block 变量中，只要 __block 变量在堆上继续存在，那么该对象就会继续处于被持有的状态。这与 Block 中使用赋值给附有 __strong 修饰符的对象类型自动变量的对象相同。

另外，我们前面用到的只有附有 __strong 修饰符的 id 类型或对象类型自动变量。如果使用 __weak 修饰符会如何呢？首先是在 Block 中使用附有 __weak 修饰符的 id 类型变量的情况。

```
blk_t blk;

{
    id array = [[NSMutableArray alloc] init];
    id __weak array2 = array;

    blk = [^(id obj) {

        [array2 addObject:obj];

        NSLog(@"array2 count = %ld", [array2 count]);

    } copy];
}

blk([[NSObject alloc] init]);
blk([[NSObject alloc] init]);
blk([[NSObject alloc] init]);
```

该源代码的执行结果与 2.3.6 节的结果不同。

```
array2 count = 0
array2 count = 0
array2 count = 0
```

这是由于附有 __strong 修饰符的变量 array 在该变量作用域结束的同时被释放、废弃，nil 被赋值在附有 __weak 修饰符的变量 array2 中。该代码可正常执行，具体如下。

若同时指定 __block 说明符和 __weak 修饰符会怎样呢？

```
blk_t blk;

{
    id array = [[NSMutableArray alloc] init];
    __block id __weak array2 = array;
```

```
        blk = [^(id obj) {

            [array2 addObject:obj];

            NSLog(@"array2 count = %ld", [array2 count]);
        } copy];
    }

    blk([[NSObject alloc] init]);
    blk([[NSObject alloc] init]);
    blk([[NSObject alloc] init]);
```

执行结果与之前相同。

```
array2 count = 0
array2 count = 0
array2 count = 0
```

这是因为即使附加了 __block 说明符，附有 __strong 修饰符的变量 array 也会在该变量作用域结束的同时被释放废弃，nil 被赋值给附有 __weak 修饰符的变量 array2 中。

另外，由于附有 __unsafe_unretained 修饰符的变量只不过与指针相同，所以不管是在 Block 中使用还是附加到 __block 变量中，也不会像 __strong 修饰符或 __weak 修饰符那样进行处理。因此在使用附有 __unsafe_unretained 修饰符的变量时，注意不要通过悬垂指针访问已被废弃的对象。

因为并没有设定 __autoreleasing 修饰符与 Block 同时使用的方法，所以没必要使用 __autoreleasing 修饰符。另外，它与 __block 说明符同时使用时会产生编译错误。

```
__block id __autoreleasing obj = [[NSObject alloc] init];
```

变量 obj 同时指定了 __autoreleasing 修饰符和 __block 说明符，这会引起编译错误：

```
error: __block variables cannot have __autoreleasing ownership
    __block id __autoreleasing obj = [[NSObject alloc] init];
                                ^
```

2.3.8 Block 循环引用

如果在 Block 中使用附有 __strong 修饰符的对象类型自动变量，那么当 Block 从栈复制到堆时，该对象为 Block 所持有。这样容易引起循环引用。我们来看看下面的源代码：

```
typedef void (^blk_t)(void);

@interface MyObject : NSObject
```

```
{
    blk_t blk_;
}
@end

@implementation MyObject
- (id)init
{
    self = [super init];

    blk_ = ^{NSLog(@"self = %@", self);};

    return self;
}

- (void)dealloc
{
    NSLog(@"dealloc");
}
@end

int main()
{
    id o = [[MyObject alloc] init];

    NSLog(@"%@", o);

    return 0;
}
```

该源代码中 MyObject 类的 dealloc 实例方法一定没有被调用。

MyObject 类对象的 Block 类型成员变量 blk_ 持有赋值为 Block 的强引用。即 MyObject 类对象持有 Block。init 实例方法中执行的 Block 语法使用附有 __strong 修饰符的 id 类型变量 self。并且由于 Block 语法赋值在了成员变量 blk_ 中，因此通过 Block 语法生成在栈上的 Block 此时由栈复制到堆，并持有所使用的 self。self 持有 Block，Block 持有 self。这正是循环引用。如图 2-13 所示。

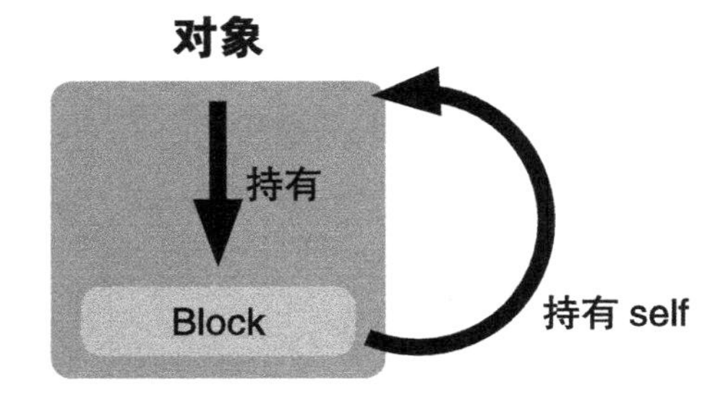

图 2-13　使用 Block 成员变量循环引用

另外，编译器在编译该源代码时能够查出循环引用，因此编译器能正确地进行警告。

```
warning: capturing 'self' strongly in this block is likely to lead
      to a retain cycle [-Warc-retain-cycles]
       blk_ = ^{NSLog(@"self = %@", self);};
                                     ^~~~

note: block will be retained by an object strongly retained by the
      captured object
        blk_ = ^{NSLog(@"self = %@", self);};
        ^~~~
```

为避免此循环引用，可声明附有 __weak 修饰符的变量，并将 self 赋值使用。

```
- (id)init
{
    self = [super init];

    id __weak tmp = self;

    blk_ = ^{NSLog(@"self = %@", tmp);};

    return self;
}
```

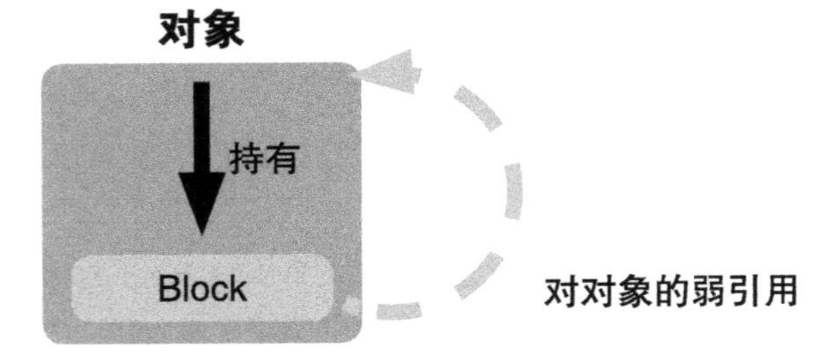

图 2-14　使用 Block 成员变量避免循环引用

在该源代码中，由于 Block 存在时，持有该 Block 的 MyObject 类对象即赋值在变量 tmp 中的 self 必定存在，因此不需要判断变量 tmp 的值是否为 nil。

在面向 iOS4，Snow Leopard 的应用程序中，必须使用 __unsafe_unretained 修饰符代替 __weak 修饰符。在此源代码中也可使用 __unsafe_unretained 修饰符，且不必担心悬垂指针。

```
- (id)init
{
    self = [super init];

    id __unsafe_unretained tmp = self;

    blk_ = ^{NSLog(@"self = %@", tmp);};

    return self;
}
```

另外，以下源代码中 Block 内没有使用 self 也同样截获了 self，引起了循环引用。

```
@interface MyObject : NSObject
{
    blk_t blk_;
    id obj_;
}
@end

@implementation MyObject
- (id)init
{
    self = [super init];

    blk_ = ^{NSLog(@"obj_ = %@", obj_);};

    return self;
}
```

通过编译器给出的警告信息可知原因。

```
warning: capturing 'self' strongly in this block is likely to lead
        to a retain cycle [-Warc-retain-cycles]
         blk_ = ^{NSLog(@"obj_ = %@", obj_);};
                                      ^~~~
note: block will be retained by an object strongly retained by the
      captured object
         blk_ = ^{NSLog(@"obj_ = %@", obj_);};
         ^~~~
```

即 Block 语法内使用的 obj_ 实际上截获了 self。对编译器来说，obj_ 只不过是对象用结构体的成员变量。

```
blk_ = ^{NSLog(@"obj_ = %@", self->obj_);};
```

该源代码也基本与前面一样，声明附有 __weak 修饰符的变量并赋值 obj_ 使用来避免循环引用。在此源代码中也可安全地使用 __unsafe_unretained 修饰符，原因同上。

```
- (id)init
{
    self = [super init];

    id __weak obj = obj_;

    blk_ = ^{NSLog(@"obj_ = %@", obj);};

    return self;
}
```

在为避免循环引用而使用 __weak 修饰符时，虽说可以确认使用附有 __weak 修饰符的变量时是否为 nil，但更有必要使之生存以使用赋值给附有 __weak 修饰符变量的对象。

另外，还可以使用 __block 变量来避免循环引用。

```
typedef void (^blk_t)(void);

@interface MyObject : NSObject
{
    blk_t blk_;
}
@end

@implementation MyObject
- (id)init
{
    self = [super init];

    __block id tmp = self;

    blk_ = ^{
        NSLog(@"self = %@", tmp);
        tmp = nil;
    };

    return self;
}

- (void)execBlock
{
    blk_();
}

- (void)dealloc
{
    NSLog(@"dealloc");
}
@end

int main()
{
    id o = [[MyObject alloc] init];

    [o execBlock];

    return 0;
}
```

该源代码没有引起循环引用。但是如果不调用 execBlock 实例方法，即不执行赋值给成员变量 blk_ 的 Block，便会循环引用并引起内存泄漏。在生成并持有 MyObject 类对象的状态下会引起以下循环引用，如图 2-15 所示。

- MyObject 类对象持有 Block
- Block 持有 __block 变量

- __block 变量持有 MyObject 类对象

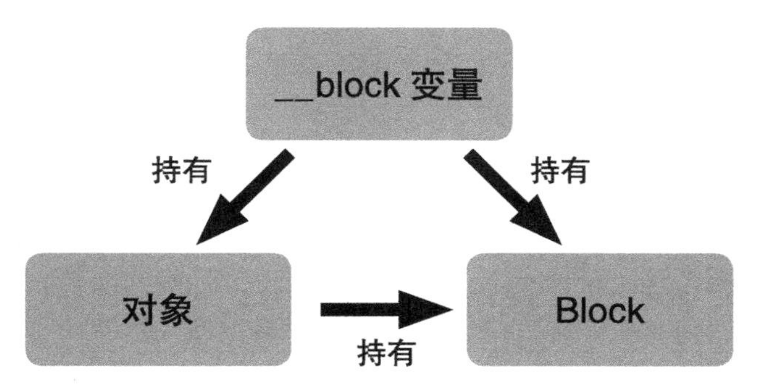

图 2-15　循环引用

如果不执行 execBlock 实例方法，就会持续该循环引用从而造成内存泄漏。

通过执行 execBlock 实例方法，Block 被实行，nil 被赋值在 __block 变量 tmp 中。

```
blk_ = ^{
    NSLog(@"self = %@", tmp);
    tmp = nil;
};
```

因此，__block 变量 tmp 对 MyObject 类对象的强引用失效。避免循环引用的过程如下所示：

- MyObject 类对象持有 Block
- Block 持有 __block 变量

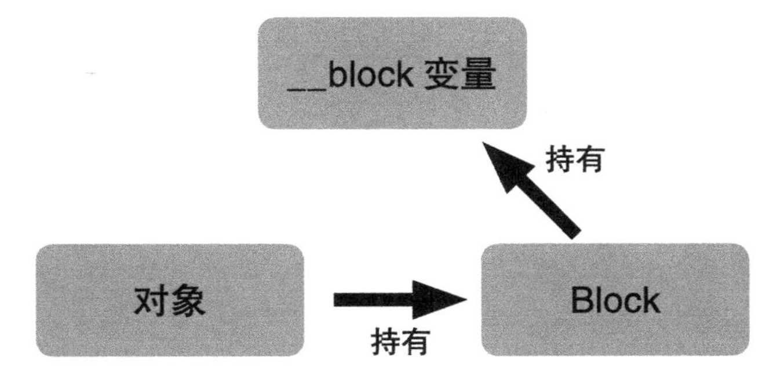

图 2-16　避免循环引用

下面我们对使用 __block 变量避免循环引用的方法和使用 __weak 修饰符及 __unsafe_unretained 修饰符避免循环引用的方法做个比较。

使用 __block 变量的优点如下：

- 通过 __block 变量可控制对象的持有期间

- 在不能使用 __weak 修饰符的环境中不使用 __unsafe_unretained 修饰符即可（不必担心悬垂指针）

  在执行 Block 时可动态地决定是否将 nil 或其他对象赋值在 __block 变量中。

  使用 __block 变量的缺点如下：

- 为避免循环引用必须执行 Block

存在执行了 Block 语法，却不执行 Block 的路径时，无法避免循环引用。若由于 Block 引发了循环引用时，根据 Block 的用途选择使用 __block 变量、__weak 修饰符或 __unsafe_unretained 修饰符来避免循环引用。

2.3.9　copy/release

ARC 无效时，一般需要手动将 Block 从栈复制到堆。另外，由于 ARC 无效，所以肯定要释放复制的 Block。这时我们用 copy 实例方法用来复制，用 release 实例方法来释放。

```
void (^blk_on_heap)(void) = [blk_on_stack copy];
```

```
[blk_on_heap release];
```

只要 Block 有一次复制并配置在堆上，就可通过 retain 实例方法持有。

```
[blk_on_heap retain];
```

但是对于配置在栈上的 Block 调用 retain 实例方法则不起任何作用。

```
[blk_on_stack retain];
```

该源代码中，虽然对赋值给 blk_on_stack 的栈上的 Block 调用了 retain 实例方法，但实际上对此源代码不起任何作用。因此推荐使用 copy 实例方法来持有 Block。

另外，由于 Blocks 是 C 语言的扩展，所以在 C 语言中也可以使用 Block 语法。此时使用“Block_copy 函数”和“Block_release 函数”代替 copy/release 实例方法。使用方法以及引用计数的思考方式与 Objective-C 中的 copy/release 实例方法相同。

```
void (^blk_on_heap)(void) = Block_copy(blk_on_stack);
```

```
Block_release(blk_on_heap);
```

Block_copy 函数就是之前出现过的 _Block_copy 函数，即 Objective-C 运行时库所使用的为 C 语言而准备的函数。释放堆上的 Block 时也同样调用 Objective-C 运行时库的 Block_release 函数。

另外，ARC 无效时，__block 说明符被用来避免 Block 中的循环引用。这是由于当 Block 从栈复制到堆时，若 Block 使用的变量为附有 __block 说明符的 id 类型或对象类型的自动变量，不会被 retain；若 Block 使用的变量为没有 __block 说明符的 id 类型或对象类型的自动变量，则被 retain。例如下面的源代码中，不管 ARC 有效无效都会引起循环引用，Block 持有 self，且 self 持有 Block。

```
typedef void (^blk_t)(void);

@interface MyObject : NSObject
{
    blk_t blk_;
}
@end

@implementation MyObject
- (id)init
{
    self = [super init];

    blk_ = ^{NSLog(@"self = %@", self);};

    return self;
}

- (void)dealloc
{
    NSLog(@"dealloc");
}
@end

int main()
{
    id o = [[MyObject alloc] init];

    NSLog(@"%@", o);

    return 0;
}
```

这时我们使用 __block 变量来避免该问题。

```
- (id)init
{
    self = [super init];

    __block id tmp = self;

    blk_ = ^{NSLog(@"self = %@", tmp);};

    return self;
}
```

正好在 ARC 有效时能够同 __unsafe_unretained 修饰符一样来使用。由于 ARC 有效时和无效时 __block 说明符的用途有很大的区别，因此在编写源代码时，必须知道该源代码是在 ARC 有效情况下编译还是在 ARC 无效情况下编译。这一点请大家注意。

第3章

Grand Central Dispatch

本章主要介绍从 OS X Snow Leopard 和 iOS 4 开始引入的新多线程编程功能“Grand Central Dispatch”。它给多线程编程带来了什么呢？本章就通过 GCD 的实现带领大家了解这些内容。

3.1 Grand Central Dispatch（GCD）概要

3.1.1 什么是 GCD

什么是 GCD？以下摘自苹果的官方说明。

Grand Central Dispatch（GCD）是异步执行任务的技术之一。一般将应用程序中记述的线程管理用的代码在系统级中实现。开发者只需要定义想执行的任务并追加到适当的 Dispatch Queue 中，GCD 就能生成必要的线程并计划执行任务。由于线程管理是作为系统的一部分来实现的，因此可统一管理，也可执行任务，这样就比以前的线程更有效率。①

也就是说，GCD 用我们难以置信的非常简洁的记述方法，实现了极为复杂繁琐的多线程编程，可以说这是一项划时代的技术。下面是使用了 GCD 源代码的例子，虽然稍显抽象，但从中也能感受到 GCD 的威力。

```
dispatch_async(queue, ^{

    /*
     * 长时间处理
     *
     * 例如 AR 用画像识别
     * 例如数据库访问
     */

    /*
     * 长时间处理结束，主线程使用该处理结果。
     */

    dispatch_async(dispatch_get_main_queue(), ^{

        /*
         * 只在主线程可以执行的处理
         *
         * 例如用户界面更新
         */
    });

});
```

上面的就是在后台线程中执行长时间处理，处理结束时，主线程使用该处理结果的源代码。

```
dispatch_async(queue, ^{
```

① 摘自 http://developer.apple.com/jp/devcenter/ios/library/documentation/ConcurrencyProgrammingGuide.pdf。

这仅有一行的代码表示让处理在后台线程中执行。

```
dispatch_async(dispatch_get_main_queue(), ^{
```

这样，仅此一行代码就能够让处理在主线程中执行。另外，大家看到脱字（caret）符号“^”就能发现，GCD 使用了上一章讲到的“Blocks”，进一步简化了应用程序代码。

在导入 GCD 之前，Cocoa 框架提供了 NSObject 类的 performSelectorInBackground:withObject 实例方法和 performSelectorOnMainThread 实例方法等简单的多线程编程技术。例如，可以改用 performSelector 系方法来实现前面使用了 GCD 的源代码看看。

```
/*
 * NSObject performSelectorInBackground:withObject: 方法中
 * 执行后台线程
 */
- (void) launchThreadByNSObject_performSelectorInBackground_withObject
{
    [self performSelectorInBackground:@selector(doWork) withObject:nil];
}

/*
 * 后台线程处理方法
 */
- (void) doWork
{
    NSAutoreleasePool *pool = [[NSAutoreleasePool alloc] init];

    /*
     * 长时间处理
     *
     * 例如 AR 用画像识别
     * 例如数据库访问
     */

    /*
     * 长时间处理结束，主线程使用其处理结果。
     */

    [self performSelectorOnMainThread:@selector(doneWork)
        withObject:nil waitUntilDone:NO];

    [pool drain];
}

/*
 * 主线程处理方法
 */
- (void) doneWork
{

    /*
     * 只在主线程可以执行的处理
```

```
        *
        * 例如用户界面更新
        */

    }
```

performSelector 系方法确实要比使用 NSThread 类进行多线程编程简单，但与之前使用 GCD 的源代码相比，结果一目了然。相比 performSelector 系方法，GCD 更为简洁。如果使用 GCD，不仅不必使用 NSThread 类或 performSelector 系方法这些过时的 API，更可以通过 GCD 提供的系统级线程管理提高执行效率。真是到处都是优点呀。

3.1.2　多线程编程

线程到底是什么呢？我们来温习一下。先看一下下面的 Objective-C 源代码。

```
int main()
{
    id o = [[MyObject alloc] init];

    [o execBlock];

    return 0;
}
```

虽然调用了几个方法，但代码行基本上是按从上到下的顺序执行的。

那么，该源代码实际上在 Mac 或 iPhone 上是如何执行的呢？

该源代码通过编译器转换为如下的 CPU 命令列（二进制代码）。

```
000001ac:     b590 push {r4, r7, lr}
000001ae: f240019c movw r1, :lower16:0x260-0x1c0+0xfffffffc
000001b2:     af01 add  r7, sp, #4
000001b4: f2c00100 movt r1, :upper16:0x260-0x1c0+0xfffffffc
000001b8: f24010be movw r0, :lower16:0x384-0x1c2+0xfffffffc
000001bc: f2c00000 movt r0, :upper16:0x384-0x1c2+0xfffffffc
000001c0:     4479 add  r1, pc
000001c2:     4478 add  r0, pc
000001c4:     6809 ldr  r1, [r1, #0]
000001c6:     6800 ldr  r0, [r0, #0]
000001c8: f7ffef1a blx  _objc_msgSend
000001cc: f2400180 movw r1, :lower16:0x258-0x1d4+0xfffffffc
000001d0: f2c00100 movt r1, :upper16:0x258-0x1d4+0xfffffffc
000001d4:     4479 add  r1, pc
000001d6:     6809 ldr  r1, [r1, #0]
000001d8: f7ffef12 blx  _objc_msgSend
000001dc:     4604 mov  r4, r0
000001de: f240007a movw r0, :lower16:0x264-0x1e6+0xfffffffc
000001e2: f2c00000 movt r0, :upper16:0x264-0x1e6+0xfffffffc
000001e6:     4478 add  r0, pc
```

```
000001e8:     6801 ldr  r1, [r0, #0]
000001ea:     4620 mov  r0, r4
000001ec: f7ffef08 blx  _objc_msgSend
000001f0:     4620 mov  r0, r4
000001f2: f7ffef06 blx  _objc_release
000001f6:     2000 movs r0, #0
000001f8:     bd90 pop  {r4, r7, pc}
```

汇集 CPU 命令列和数据，将其作为一个应用程序安装到 Mac 或 iPhone 上。

Mac、iPhone 的操作系统 OS X、iOS 根据用户的指示启动该应用程序后，首先便将包含在应用程序中的 CPU 命令列配置到内存中。CPU 从应用程序指定的地址开始，一个一个地执行 CPU 命令列。先执行地址 lac 的命令列 push，接着向后移动，执行地址 lae 的命令列 movw，再次向后移动，执行地址 lb2 的命令列，就这样不断循环下去。

在 Objective-C 的 if 语句和 for 语句等控制语句或函数调用的情况下，执行命令列的地址会远离当前的位置（位置迁移）。但是，由于一个 CPU 一次只能执行一个命令，不能执行某处分开的并列的两个命令，因此通过 CPU 执行的 CPU 命令列就好比一条无分叉的大道，其执行不会出现分歧。如图 3-1 所示。

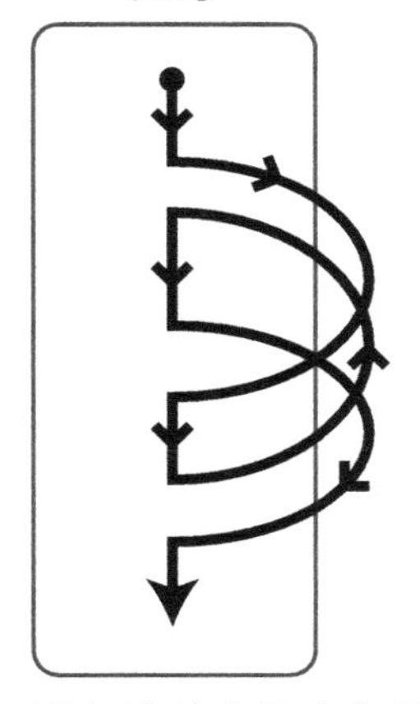

图 3-1　通过 CPU 执行的 CPU 命令列

这里所说的“1 个 CPU 执行的 CPU 命令列为一条无分叉路径”即为“线程”。

现在一个物理的 CPU 芯片实际上有 64 个（64 核）CPU，如果 1 个 CPU 核虚拟为两个 CPU 核工作，那么一台计算机上使用多个 CPU 核就是理所当然的事了。尽管如此，“1 个 CPU 核执行的 CPU 命令列为一条无分叉路径”仍然不变。

这种无分叉路径不只 1 条，存在有多条时即为“多线程”。在多线程中，1 个 CPU 核执行多条不同路径上的不同命令。如图 3-2 所示。

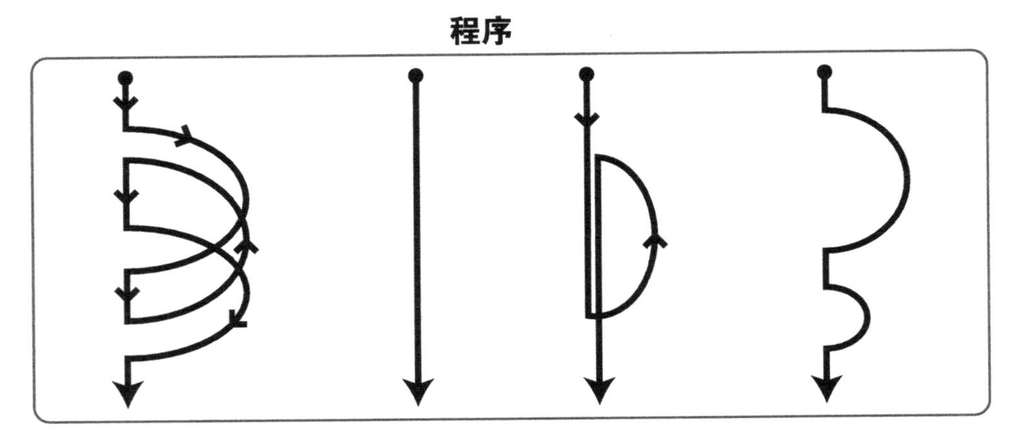

图 3-2　在多线程中执行 CPU 命令列

虽然 CPU 的相关技术有很多，其进步也令人眼花缭乱，但基本上 1 个 CPU 核一次能够执行的 CPU 命令始终为 1。那么怎样才能在多条路径中执行 CPU 命令列呢？

OS X 和 iOS 的核心 XNU 内核在发生操作系统事件时（如每隔一定时间，唤起系统调用等情况）会切换执行路径。执行中路径的状态，例如 CPU 的寄存器等信息保存到各自路径专用的内存块中，从切换目标路径专用的内存块中，复原 CPU 寄存器等信息，继续执行切换路径的 CPU 命令列。这被称为“上下文切换”。

由于使用多线程的程序可以在某个线程和其他线程之间反复多次进行上下文切换，因此看上去就好像 1 个 CPU 核能够并列地执行多个线程一样。而且在具有多个 CPU 核的情况下，就不是“看上去像”了，而是真的提供了多个 CPU 核并行执行多个线程的技术。

这种利用多线程编程的技术就被称为“多线程编程”。

但是，多线程编程实际上是一种易发生各种问题的编程技术。比如多个线程更新相同的资源会导致数据的不一致（数据竞争）、停止等待事件的线程会导致多个线程相互持续等待（死锁）、使用太多线程会消耗大量内存等。如图 3-3 所示。

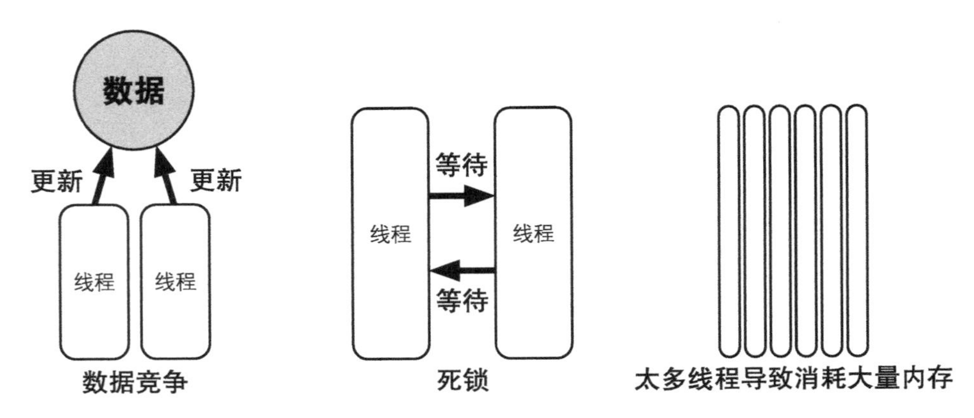

图 3-3　多线程编程的问题

当然，要回避这些问题有许多方法，但程序都偏于复杂。

尽管极易发生各种问题，也应当使用多线程编程。这是为什么呢？因为使用多线程编程可保证应用程序的响应性能。

应用程序在启动时，通过最先执行的线程，即“主线程”来描绘用户界面、处理触摸屏幕的事件等。如果在该主线程中进行长时间的处理，如 AR 用画像的识别或数据库访问，就会妨碍主线程的执行（阻塞）。在 OS X 和 iOS 的应用程序中，会妨碍主线程中被称为 RunLoop 的主循环的执行，从而导致不能更新用户界面、应用程序的画面长时间停滞等问题。

这就是长时间的处理不在主线程中执行而在其他线程中执行的原因。如图 3-4 所示。

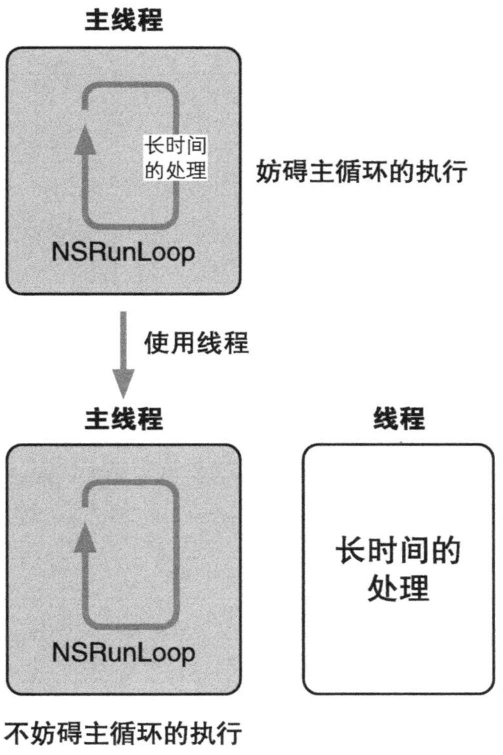

图 3-4　多线程编程的优点

使用多线程编程，在执行长时间的处理时仍可保证用户界面的响应性能。

GCD 大大简化了偏于复杂的多线程编程的源代码。下一节我们来看看 GCD 的 API。

3.2 GCD 的 API

3.2.1 Dispatch Queue

首先回顾一下苹果官方对 GCD 的说明。

开发者要做的只是定义想执行的任务并追加到适当的 Dispatch Queue 中。

这句话用源代码表示如下：

```
dispatch_async(queue, ^{

    /*
     * 想执行的任务
     */

});
```

该源代码使用 Block 语法"定义想执行的任务"，通过 dispatch_async 函数"追加"赋值在变量 queue 的"Dispatch Queue 中"。仅这样就可使指定的 Block 在另一线程中执行。

"Dispatch Queue"是什么呢？如其名称所示，是执行处理的等待队列。应用程序编程人员通过 dispatch_async 函数等 API，在 Block 语法中记述想执行的处理并将其追加到 Dispatch Queue 中。Dispatch Queue 按照追加的顺序（先进先出 FIFO，First-In-First-Out）执行处理。如图 3-5 所示。

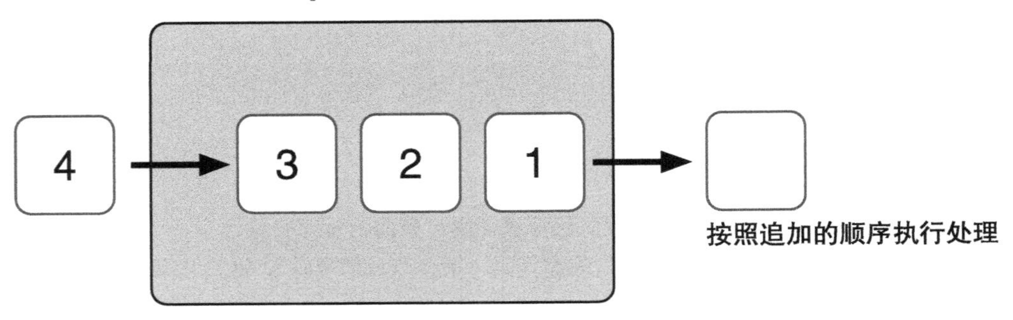

图 3-5 通过 Dispatch Queue 执行处理

另外在执行处理时存在两种 Dispatch Queue，一种是等待现在执行中处理的 Serial Dispatch Queue，另一种是不等待现在执行中处理的 Concurrent Dispatch Queue。如表 3-1 所示。

表 3-1 Dispatch Queue 的种类

Dispatch Queue 的种类	说明
Serial Dispatch Queue	等待现在执行中处理结束
Concurrent Dispatch Queue	不等待现在执行中处理结束

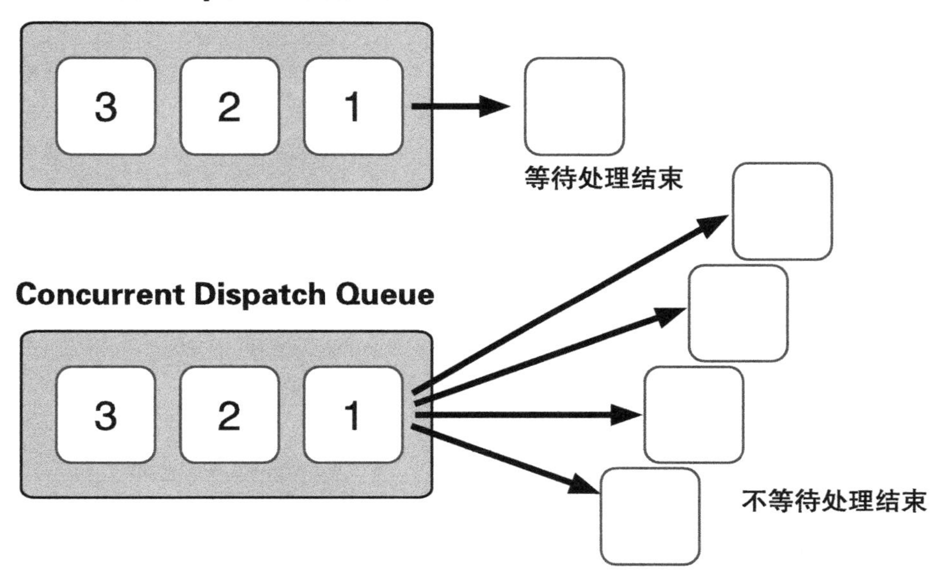

图 3-6 Serial Dispatch Queue 和 Concurrent Dispatch Queue

比较这两种 Dispatch Queue。准备以下源代码，在 dispatch_async 中追加多个处理。

```
dispatch_async(queue, blk0);
dispatch_async(queue, blk1);
dispatch_async(queue, blk2);
dispatch_async(queue, blk3);
dispatch_async(queue, blk4);
dispatch_async(queue, blk5);
dispatch_async(queue, blk6);
dispatch_async(queue, blk7);
```

当变量 queue 为 Serial Dispatch Queue 时，因为要等待现在执行中的处理结束，所以首先执行 blk0，blk0 执行结束后，接着执行 blk1，blk1 结束后再开始执行 blk2，如此重复。同时执行的处理数只能有 1 个。即执行该源代码后，一定按照以下顺序进行处理。

```
blk0
blk1
blk2
blk3
```

```
blk4
blk5
blk6
blk7
```

当变量 queue 为 Concurrent Dispatch Queue 时，因为不用等待现在执行中的处理结束，所以首先执行 blk0，不管 blk0 的执行是否结束，都开始执行后面的 blk1，不管 blk1 的执行是否结束，都开始执行后面的 blk2，如此重复循环。

这样虽然不用等待处理结束，可以并行执行多个处理，但并行执行的处理数量取决于当前系统的状态。即 iOS 和 OS X 基于 Dispatch Queue 中的处理数、CPU 核数以及 CPU 负荷等当前系统的状态来决定 Concurrent Dispatch Queue 中并行执行的处理数。所谓“并行执行”，就是使用多个线程同时执行多个处理。如图 3-7 所示。

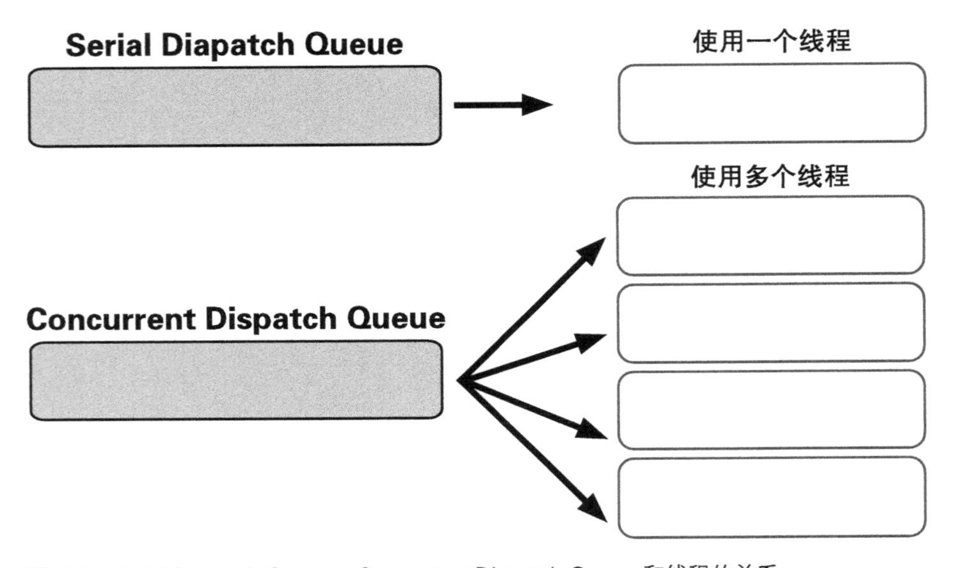

图 3-7 Serial Dispatch Queue、Concurrent Dispatch Queue 和线程的关系

iOS 和 OS X 的核心——XNU 内核决定应当使用的线程数，并只生成所需的线程执行处理。另外，当处理结束，应当执行的处理数减少时，XNU 内核会结束不再需要的线程。XNU 内核仅使用 Concurrent Dispatch Queue 便可完美地管理并行执行多个处理的线程。

例如，前面的源代码如表 3-2 所示。在多个线程中执行 Block。

表 3-2 Concurrent Dispatch Queue 执行例

线程 0	线程 1	线程 2	线程 3
blk0	blk1	blk2	blk3
blk4	blk6	blk5	
blk7			

假设准备 4 个 Concurrent Dispatch Queue 用线程。首先 blk0 在线程 0 中开始执行，接着 blk1 在线程 1 中、blk2 在线程 2 中、blk3 在线程 3 中开始执行。线程 0 中 blk0 执行结束后开始执行 blk4，由于线程 1 中 blk1 的执行没有结束，因此线程 2 中 blk2 执行结束后开始执行 blk5，就这样循环往复。

像这样在 Concurrent Dispatch Queue 中执行处理时，执行顺序会根据处理内容和系统状态发生改变。它不同于执行顺序固定的 Serial Dispatch Queue。在不能改变执行的处理顺序或不想并行执行多个处理时使用 Serial Dispatch Queue。

虽然知道了有 Serial Dispatch Queue 和 Concurrent Dispatch Queue 这两种，但如何才能得到这些 Dispatch Queue 呢？方法有两种。

3.2.2 dispatch_queue_create

第一种方法是通过 GCD 的 API 生成 Dispatch Queue。

通过 dispatch_queue_create 函数可生成 Dispatch Queue。以下源代码生成了 Serial Dispatch Queue。

```
dispatch_queue_t mySerialDispatchQueue =
    dispatch_queue_create("com.example.gcd.MySerialDispatchQueue", NULL);
```

在说明 dispatch_queue_create 函数之前，先讲一下关于 Serial Dispatch Queue 生成个数的注意事项。

如前所述，Concurrent Dispatch Queue 并行执行多个追加处理，而 Serial Dispatch Queue 同时只能执行 1 个追加处理。虽然 Serial Dispatch Queue 和 Concurrent Dispatch Queue 受到系统资源的限制，但用 dispatch_queue_create 函数可生成任意多个 Dispatch Queue。

当生成多个 Serial Dispatch Queue 时，各个 Serial Dispatch Queue 将并行执行。虽然在 1 个 Serial Dispatch Queue 中同时只能执行一个追加处理，但如果将处理分别追加到 4 个 Serial Dispatch Queue 中，各个 Serial Dispatch Queue 执行 1 个，即为同时执行 4 个处理。如图 3-8 所示。

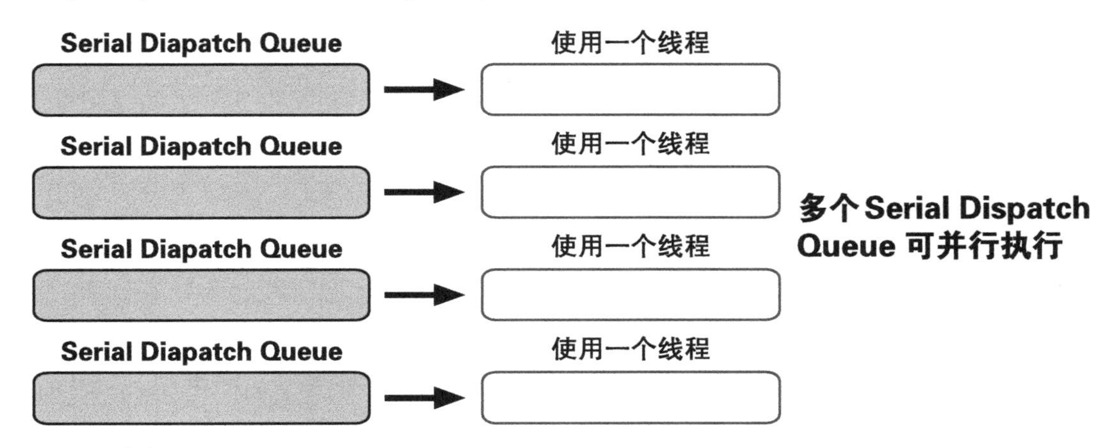

图 3-8 多个 Serial Dispatch Queue

以上是关于 Serial Dispatch Queue 生成个数注意事项的说明。一旦生成 Serial Dispatch Queue 并追加处理，系统对于一个 Serial Dispatch Queue 就只生成并使用一个线程。如果生成 2000 个 Serial Dispatch Queue，那么就生成 2000 个线程。

像之前列举的多线程编程问题一样，如果过多使用多线程，就会消耗大量内存，引起大量的上下文切换，大幅度降低系统的响应性能。如图 3-9 所示。

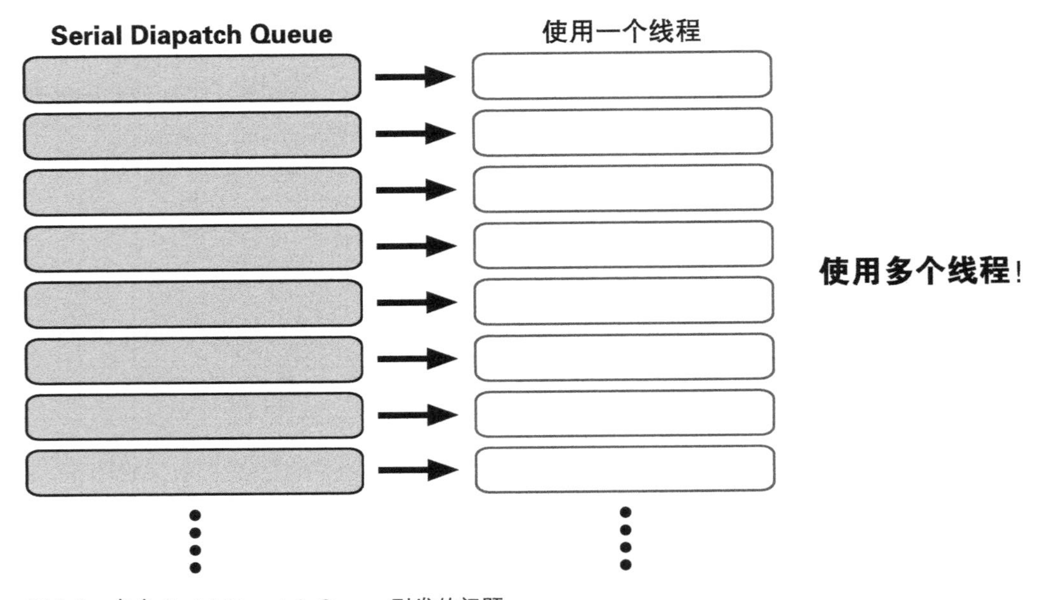

图 3-9　多个 Serial Dispatch Queue 引发的问题

只在为了避免多线程编程问题之一——多个线程更新相同资源导致数据竞争时使用 Serial Dispatch Queue。如图 3-10 所示。

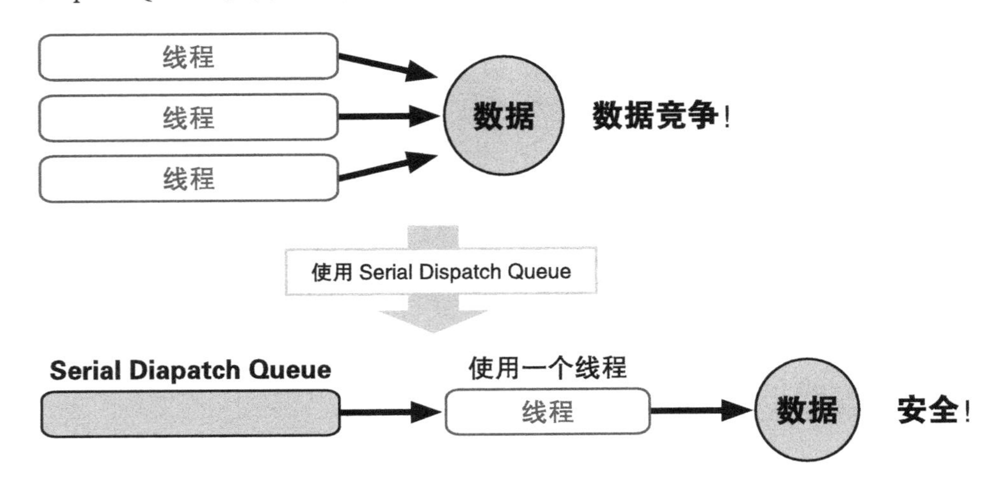

图 3-10　Serial Dispatch Queue 的用途

但是 Serial Dispatch Queue 的生成个数应当仅限所必需的数量。例如更新数据库时 1 个表生成 1 个 Serial Dispatch Queue，更新文件时 1 个文件或是可以分割的 1 个文件块生成 1 个 Serial Dispatch Queue。虽然“Serial Dispatch Queue 比 Concurrent Dispatch Queue 能生成更多的线程”，但绝不能激动之下大量生成 Serial Dispatch Queue。

当想并行执行不发生数据竞争等问题的处理时，使用 Concurrent Dispatch Queue。而且对于 Concurrent Dispatch Queue 来说，不管生成多少，由于 XNU 内核只使用有效管理的线程，因此不会发生 Serial Dispatch Queue 的那些问题。

下面我们回来继续讲 dispatch_queue_create 函数。该函数的第一个参数指定 Serial Dispatch Queue 的名称。像此源代码这样，Dispatch Queue 的名称推荐使用应用程序 ID 这种逆序全程域名（FQDN，fully qualified domain name）。该名称在 Xcode 和 Instruments 的调试器中作为 Dispatch Queue 名称表示。另外，该名称也出现在应用程序崩溃时所生成的 CrashLog 中。我们命名时应遵循这样的原则：对我们编程人员来说简单易懂，对用户来说也要易懂。如果嫌命名麻烦设为 NULL 也可以，但你在调试中一定会后悔没有为 Dispatch Queue 署名。

生成 Serial Dispatch Queue 时，像该源代码这样，将第二个参数指定为 NULL。生成 Concurrent Dispatch Queue 时，像下面源代码一样，指定为 DISPATCH_QUEUE_CONCURRENT。

```
dispatch_queue_t myConcurrentDispatchQueue = dispatch_queue_create(
    "com.example.gcd.MyConcurrentDispatchQueue",  DISPATCH_QUEUE_CONCURRENT);
```

dispatch_queue_create 函数的返回值为表示 Dispatch Queue 的“dispatch_queue_t 类型”。在之前源代码中所出现的变量 queue 均为 dispatch_queue_t 类型变量。

```
dispatch_queue_t myConcurrentDispatchQueue = dispatch_queue_create(
    "com.example.gcd.MyConcurrentDispatchQueue", DISPATCH_QUEUE_CONCURRENT);

dispatch_async(myConcurrentDispatchQueue,
    ^{NSLog(@"block on myConcurrentDispatchQueue");});
```

该源代码在 Concurrent Dispatch Queue 中执行指定的 Block。

另外，遗憾的是尽管有 ARC 这一通过编译器自动管理内存的优秀技术，但生成的 Dispatch Queue 必须由程序员负责释放。这是因为 Dispatch Queue 并没有像 Block 那样具有作为 Objective-C 对象来处理的技术。

通过 dispatch_queue_create 函数生成的 Dispatch Queue 在使用结束后通过 dispatch_release 函数释放。

```
dispatch_release(mySerialDispatchQueue);
```

该名称中含有 release，由此可以推测出相应地也存在 dispatch_retain 函数。

```
dispatch_retain(myConcurrentDispatchQueue);
```

即 Dispatch Queue 也像 Objective-C 的引用计数式内存管理一样，需要通过 dispatch_retain 函数和 dispatch_release 函数的引用计数来管理内存。在前面的源代码中，需要释放通过 dispatch_queue_create 函数生成并赋值给变量 myConcurrentDispatchQueue 中的 Concurrent Dispatch Queue。

```
dispatch_queue_t myConcurrentDispatchQueue = dispatch_queue_create(
    "com.example.gcd.MyConcurrentDispatchQueue", DISPATCH_QUEUE_CONCURRENT);

dispatch_async(MyConcurrentDispatchQueue,^{NSLog(@"block on myConcurrent
DispatchQueue");});

dispatch_release(myConcurrentDispatchQueue);
```

虽然 Concurrent Dispatch Queue 是使用多线程执行追加的处理，但像该例这样，在 dispatch_async 函数中追加 Block 到 Concurrent Dispatch Queue，并立即通过 dispatch_release 函数进行释放是否可以呢？

该源代码完全没有问题。在 dispatch_async 函数中追加 Block 到 Dispatch Queue，换言之，该 Block 通过 dispatch_retain 函数持有 Dispatch Queue。无论 Dispatch Queue 是 Serial Dispatch Queue 还是 Concurrent Dispatch Queue 都一样。一旦 Block 执行结束，就通过 dispatch_release 函数释放该 Block 持有的 Dispatch Queue。

也就是说，在 dispatch_async 函数中追加 Block 到 Dispatch Queue 后，即使立即释放 Dispatch Queue，该 Dispatch Queue 由于被 Block 所持有也不会被废弃，因而 Block 能够执行。Block 执行结束后会释放 Dispatch Queue，这时谁都不持有 Dispatch Queue，因此它会被废弃。

另外，能够使用 dispatch_retain 函数和 dispatch_release 函数的地方不仅是在 Dispatch Queue 中。在之后介绍的几个 GCD 的 API 中，名称中含有“create”的 API 在不需要其生成的对象时，有必要通过 dispatch_release 函数进行释放。在通过函数或方法获取 Dispatch Queue 以及其他名称中含有 create 的 API 生成的对象时，有必要通过 dispatch_retain 函数持有，并在不需要时通过 dispatch_release 函数释放。

3.2.3 Main Dispatch Queue/Global Dispatch Queue

第二种方法是获取系统标准提供的 Dispatch Queue。

实际上不用特意生成 Dispatch Queue 系统也会给我们提供几个。那就是 Main Dispatch Queue 和 Global Dispatch Queue。

Main Dispatch Queue 正如其名称中含有的“Main”一样，是在主线程中执行的 Dispatch Queue。因为主线程只有 1 个，所以 Main Dispatch Queue 自然就是 Serial Dispatch Queue。

追加到 Main Dispatch Queue 的处理在主线程的 RunLoop 中执行。由于在主线程中执行，因此要将用户界面的界面更新等一些必须在主线程中执行的处理追加到 Main Dispatch Queue 使用。这正好与 NSObject 类的 performSelectorOnMainThread 实例方法这一执行方法相同。如图 3-11 所示。

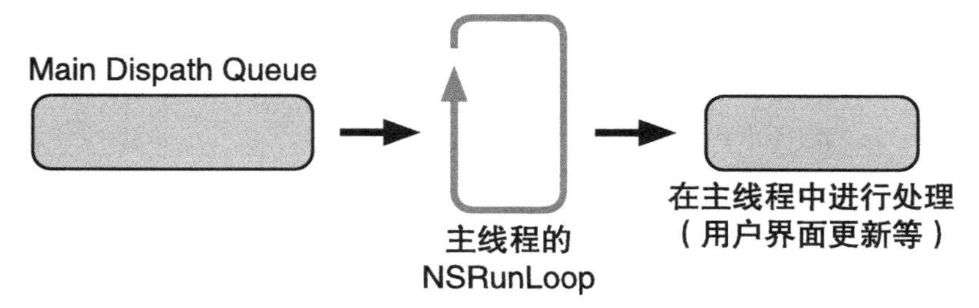

图 3-11 Main Dispatch Queue

另一个 Global Dispatch Queue 是所有应用程序都能够使用的 Concurrent Dispatch Queue。没有必要通过 dispatch_queue_create 函数逐个生成 Concurrent Dispatch Queue。只要获取 Global Dispatch Queue 使用即可。

另外，Global Dispatch Queue 有 4 个执行优先级，分别是高优先级（High Priority）、默认优先级（Default Priority）、低优先级（Low Priority）和后台优先级（Background Priority）。通过 XNU 内核管理的用于 Global Dispatch Queue 的线程，将各自使用的 Global Dispatch Queue 的执行优先级作为线程的执行优先级使用。在向 Global Dispatch Queue 追加处理时，应选择与处理内容对应的执行优先级的 Global Dispatch Queue。

但是通过 XNU 内核用于 Global Dispatch Queue 的线程并不能保证实时性，因此执行优先级只是大致的判断。例如在处理内容的执行可有可无时，使用后台优先级的 Global Dispatch Queue 等，只能进行这种程度的区分。

系统提供的 Dispatch Queue 总结如表 3-3 所示。

表 3-3 Dispatch Queue 的种类

名称	Dispatch Queue 的种类	说明
Main Dispatch Queue	Serial Dispatch Queue	主线程执行
Global Dispatch Queue（High Priority）	Concurrent Dispatch queue	执行优先级：高（最高优先）
Global Dispatch Queue（Default Priority）	Concurrent Dispatch queue	执行优先级：默认
Global Dispatch Queue（Low Priority）	Concurrent Dispatch queue	执行优先级：低
Global Dispatch Queue（Background Priority）	Concurrent Dispatch queue	执行优先级：后台

各种 Dispatch Queue 的获取方法如下。

```
/*
 * Main Dispatch Queue 的获取方法
 */
dispatch_queue_t mainDispatchQueue = dispatch_get_main_queue();

/*
 * Global Dispatch Queue（高优先级）的获取方法
 */
dispatch_queue_t globalDispatchQueueHigh =
```

```
    dispatch_get_global_queue(DISPATCH_QUEUE_PRIORITY_HIGH, 0);

/*
 * Global Dispatch Queue(默认优先级)的获取方法
 */
dispatch queue_t globalDispatchQueueDefault =
    dispatch_get_global_queue(DISPATCH_QUEUE_PRIORITY_DEFAULT, 0);

/*
 * Global Dispatch Queue(低优先级)的获取方法
 */
dispatch queue_t globalDispatchQueueLow =
    dispatch_get_global_queue(DISPATCH_QUEUE_PRIORITY_LOW, 0);

/*
 * Global Dispatch Queue(后台优先级)的获取方法
 */
dispatch queue_t globalDispatchQueueBackground =
    dispatch_get_global_queue(DISPATCH_QUEUE_PRIORITY_BACKGROUND, 0);
```

另外，对于 Main Dispatch Queue 和 Global Dispatch Queue 执行 dispatch_retain 函数和 dispatch_release 函数不会引起任何变化，也不会有任何问题。这也是获取并使用 Global Dispatch Queue 比生成、使用、释放 Concurrent Dispatch Queue 更轻松的原因。

当然，源代码上在进行类似通过 dispatch_queue_create 函数生成 Dispatch Queue 的处理要更轻松时，可参照引用计数式内存管理的思考方式，直接在 Main Dispatch Queue 和 Global Dispatch Queue 中执行 dispatch_retain 函数和 dispatch_release 函数。

以下列举使用了 Main Dispatch Queue 和 Global Dispatch Queue 的源代码：

```
/*
 * 在默认优先级的Global Dispatch Queue中执行Block
 */
dispatch_async(dispatch_get_global_queue(DISPATCH_QUEUE_PRIORITY_DEFAULT, 0), ^{
    /*
     * 可并行执行的处理
     */

    /*
     * 在Main Dispatch Queue中执行Block
     */
    dispatch_async(dispatch_get_main_queue(), ^{

        /*
         * 只能在主线程中执行的处理
         */

    });

});
```

3.2.4 dispatch_set_target_queue

dispatch_queue_create 函数生成的 Dispatch Queue 不管是 Serial Dispatch Queue 还是 Concurrent Dispatch Queue，都使用与默认优先级 Global Dispatch Queue 相同执行优先级的线程。而变更生成的 Dispatch Queue 的执行优先级要使用 dispatch_set_target_queue 函数。在后台执行动作处理的 Serial Dispatch Queue 的生成方法如下：

```
dispatch_queue_t mySerialDispatchQueue =
    dispatch_queue_create("com.example.gcd.MySerialDispatchQueue", NULL);
dispatch_queue_t globalDispatchQueueBackground =
    dispatch_get_global_queue(DISPATCH_QUEUE_PRIORITY_BACKGROUND, 0);
dispatch_set_target_queue(mySerialDispatchQueue, globalDispatchQueueBackground);
```

指定要变更执行优先级的 Dispatch Queue 为 dispatch_set_target_queue 函数的第一个参数，指定与要使用的执行优先级相同优先级的 Global Dispatch Queue 为第二个参数（目标）。第一个参数如果指定系统提供的 Main Dispatch Queue 和 Global Dispatch Queue 则不知道会出现什么状况，因此这些均不可指定。

将 Dispatch Queue 指定为 dispatch_set_target_queue 函数的参数，不仅可以变更 Dispatch Queue 的执行优先级，还可以作成 Dispatch Queue 的执行阶层。如果在多个 Serial Dispatch Queue 中用 dispatch_set_target_queue 函数指定目标为某一个 Serial Dispatch Queue，那么原先本应并行执行的多个 Serial Dispatch Queue，在目标 Serial Dispatch Queue 上只能同时执行一个处理。

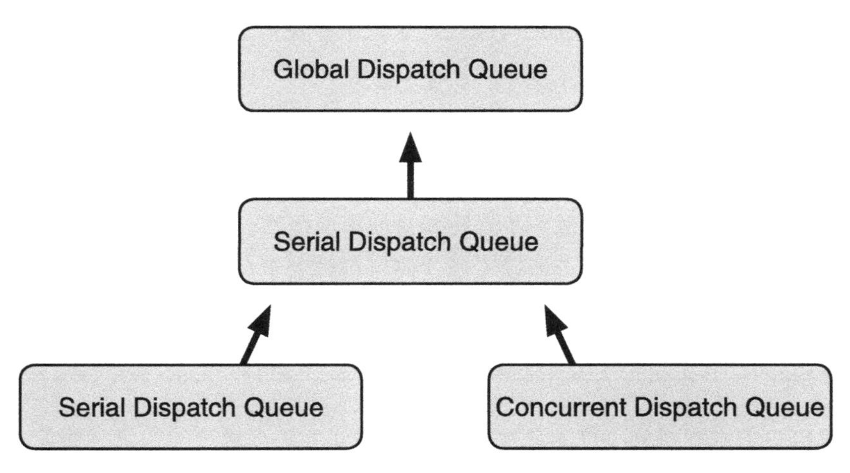

图 3-12 Dispatch Queue 的执行层次

在必须将不可并行执行的处理追加到多个 Serial Dispatch Queue 中时，如果使用 dispatch_set_target_queue 函数将目标指定为某一个 Serial Dispatch Queue，即可防止处理并行执行。

3.2.5 dispatch_after

经常会有这样的情况：想在 3 秒后执行处理。可能不仅限于 3 秒，总之，这种想在指定时间后执行处理的情况，可使用 dispatch_after 函数来实现。

在 3 秒后将指定的 Block 追加到 Main Dispatch Queue 中的源代码如下：

```
dispatch_time_t time = dispatch_time(DISPATCH_TIME_NOW, 3ull * NSEC_PER_SEC);
dispatch_after(time, dispatch_get_main_queue(), ^{
    NSLog(@"waited at least three seconds.");
});
```

需要注意的是，dispatch_after 函数并不是在指定时间后执行处理，而只是在指定时间追加处理到 Dispatch Queue。此源代码与在 3 秒后用 dispatch_async 函数追加 Block 到 Main Dispatch Queue 的相同。

因为 Main Dispatch Queue 在主线程的 RunLoop 中执行，所以在比如每隔 1/60 秒执行的 RunLoop 中，Block 最快在 3 秒后执行，最慢在 3 秒 +1/60 秒后执行，并且在 Main Dispatch Queue 有大量处理追加或主线程的处理本身有延迟时，这个时间会更长。

虽然在有严格时间的要求下使用时会出现问题，但在想大致延迟执行处理时，该函数是非常有效的。

另外，第二个参数指定要追加处理的 Dispatch Queue，第三个参数指定记述要执行处理的 Block。

第一个参数是指定时间用的 dispatch_time_t 类型的值。该值使用 dispatch_time 函数或 dispatch_walltime 函数作成。

dispatch_time 函数能够获取从第一个参数 dispatch_time_t 类型值中指定的时间开始，到第二个参数指定的毫微秒单位时间后的时间。第一个参数经常使用的值是之前源代码中出现的 DISPATCH_TIME_NOW。这表示现在的时间。即以下源代码可得到表示从现在开始 1 秒后的 dispatch_time_t 类型的值。

```
dispatch_time_t time = dispatch_time(DISPATCH_TIME_NOW, 1ull * NSEC_PER_SEC);
```

数值和 NSEC_PER_SEC 的乘积得到单位为毫微秒的数值。“ull” 是 C 语言的数值字面量，是显式表明类型时使用的字符串（表示 “unsigned long long”）。如果使用 NSEC_PER_MSEC 则可以以毫秒为单位计算。以下源代码获取表示从现在开始 150 毫秒后时间的值。

```
dispatch_time_t time = dispatch_time(DISPATCH_TIME_NOW, 150ull * NSEC_PER_MSEC);
```

dispatch_walltime 函数由 POSIX 中使用的 struct timespec 类型的时间得到 dispatch_time_t 类

型的值。dispatch_time 函数通常用于计算相对时间，而 dispatch_walltime 函数用于计算绝对时间。例如在 dispatch_after 函数中想指定 2011 年 11 月 11 日 11 时 11 分 11 秒这一绝对时间的情况，这可作为粗略的闹钟功能使用。

struct timespec 类型的时间可以很轻松地通过 NSDate 类对象作成。

```
dispatch_time_t getDispatchTimeByDate(NSDate *date)
{
    NSTimeInterval interval;
    double second, subsecond;
    struct timespec time;
    dispatch_time_t milestone;

    interval = [date timeIntervalSince1970];
    subsecond = modf(interval, &second);
    time.tv_sec = second;
    time.tv_nsec = subsecond * NSEC_PER_SEC;
    milestone = dispatch_walltime(&time, 0);

    return milestone;
}
```

上面源代码可由 NSDate 类对象获取能传递给 dispatch_after 函数的 dispatch_time_t 类型的值。

3.2.6 Dispatch Group

在追加到 Dispatch Queue 中的多个处理全部结束后想执行结束处理，这种情况会经常出现。只使用一个 Serial Dispatch Queue 时，只要将想执行的处理全部追加到该 Serial Dispatch Queue 中并在最后追加结束处理，即可实现。但是在使用 Concurrent Dispatch Queue 时或同时使用多个 Dispatch Queue 时，源代码就会变得颇为复杂。

在此种情况下使用 Dispatch Group。例如下面源代码为：追加 3 个 Block 到 Global Dispatch Queue，这些 Block 如果全部执行完毕，就会执行 Main Dispatch Queue 中结束处理用的 Block。

```
dispatch_queue_t queue =
    dispatch_get_global_queue(DISPATCH_QUEUE_PRIORITY_DEFAULT, 0);
dispatch_group_t group = dispatch_group_create();

dispatch_group_async(group, queue, ^{NSLog(@"blk0");});
dispatch_group_async(group, queue, ^{NSLog(@"blk1");});
dispatch_group_async(group, queue, ^{NSLog(@"blk2");});

dispatch_group_notify(group,
    dispatch_get_main_queue(), ^{NSLog(@"done");});
dispatch_release(group);
```

该源代码的执行结果如下：

```
blk1
blk2
blk0
done
```

因为向 Global Dispatch Queue 即 Concurrent Dispatch Queue 追加处理，多个线程并行执行，所以追加处理的执行顺序不定。执行时会发生变化，但是此执行结果的 done 一定是最后输出的。

无论向什么样的 Dispatch Queue 中追加处理，使用 Dispatch Group 都可监视这些处理执行的结束。一旦检测到所有处理执行结束，就可将结束的处理追加到 Dispatch Queue 中。这就是使用 Dispatch Group 的原因。

首先 dispatch_group_create 函数生成 dispatch_group_t 类型的 Dispatch Group。如 dispatch_group_create 函数名中所含的 create 所示，该 Dispatch Group 与 Dispatch Queue 相同，在使用结束后需要通过 dispatch_release 函数释放。

dispatch_group_async 函数与 dispatch_async 函数相同，都追加 Block 到指定的 Dispatch Queue 中。与 dispatch_async 函数不同的是指定生成的 Dispatch Group 为第一个参数。指定的 Block 属于指定的 Dispatch Group。

另外，与追加 Block 到 Dispatch Queue 时同样，Block 通过 dispatch_retain 函数持有 Dispatch Group，从而使得该 Block 属于 Dispatch Group。这样如果 Block 执行结束，该 Block 就通过 dispatch_release 函数释放持有的 Dispatch Group。一旦 Dispatch Group 使用结束，不用考虑属于该 Dispatch Group 的 Block，立即通过 dispatch_release 函数释放即可。

在追加到 Dispatch Group 中的处理全部执行结束时，该源代码中使用的 dispatch_group_notify 函数会将执行的 Block 追加到 Dispatch Queue 中，将第一个参数指定为要监视的 Dispatch Group。在追加到该 Dispatch Group 的全部处理执行结束时，将第三个参数的 Block 追加到第二个参数的 Dispatch Queue 中。在 dispatch_group_notify 函数中不管指定什么样的 Dispatch Queue，属于 Dispatch Group 的全部处理在追加指定的 Block 时都已执行结束。

另外，在 Dispatch Group 中也可以使用 dispatch_group_wait 函数仅等待全部处理执行结束。

```
dispatch_queue_t queue =
    dispatch_get_global_queue(DISPATCH_QUEUE_PRIORITY_DEFAULT, 0);
dispatch_group_t group = dispatch_group_create();

dispatch_group_async(group, queue, ^{NSLog(@"blk0");});
dispatch_group_async(group, queue, ^{NSLog(@"blk1");});
dispatch_group_async(group, queue, ^{NSLog(@"blk2");});

dispatch_group_wait(group, DISPATCH_TIME_FOREVER);
dispatch_release(group);
```

dispatch_group_wait 函数的第二个参数指定为等待的时间（超时）。它属于 dispatch_time_t 类型的值。该源代码使用 DISPATCH_TIME_FOREVER，意味着永久等待。只要属于 Dispatch

Group 的处理尚未执行结束，就会一直等待，中途不能取消。

如同 dispatch_after 函数说明中出现的那样，指定等待间隔为 1 秒时应做如下处理。

```
dispatch_time_t time = dispatch_time(DISPATCH_TIME_NOW, 1ull * NSEC_PER_SEC);

long result = dispatch_group_wait(group, time);

if (result == 0) {

    /*
     * 属于 Dispatch Group 的全部处理执行结束
     */

} else {

    /*
     * 属于 Dispatch Group 的某一个处理还在执行中
     */
}
```

如果 dispatch_group_wait 函数的返回值不为 0，就意味着虽然经过了指定的时间，但属于 Dispatch Group 的某一个处理还在执行中。如果返回值为 0，那么全部处理执行结束。当等待时间为 DISPATCH_TIME_FOREVER、由 dispatch_group_wait 函数返回时，由于属于 Dispatch Group 的处理必定全部执行结束，因此返回值恒为 0。

这里的“等待”是什么意思呢？这意味着一旦调用 dispatch_group_wait 函数，该函数就处于调用的状态而不返回。即执行 dispatch_group_wait 函数的现在的线程（当前线程）停止。在经过 dispatch_group_wait 函数中指定的时间或属于指定 Dispatch Group 的处理全部执行结束之前，执行该函数的线程停止。

指定 DISPATCH_TIME_NOW，则不用任何等待即可判定属于 Dispatch Group 的处理是否执行结束。

```
long result = dispatch_group_wait(group, DISPATCH_TIME_NOW);
```

在主线程的 RunLoop 的每次循环中，可检查执行是否结束，从而不耗费多余的等待时间，虽然这样也可以，但一般在这种情形下，还是推荐用 dispatch_group_notify 函数追加结束处理到 Main Dispatch Queue 中。这是因为 dispatch_group_notify 函数可以简化源代码。

3.2.7 dispatch_barrier_async

在访问数据库或文件时，如前所述，使用 Serial Dispatch Queue 可避免数据竞争的问题。

写入处理确实不可与其他的写入处理以及包含读取处理的其他某些处理并行执行。但是如果读取处理只是与读取处理并行执行，那么多个并行执行就不会发生问题。

也就是说，为了高效率地进行访问，读取处理追加到 Concurrent Dispatch Queue 中，写入处理在任一个读取处理没有执行的状态下，追加到 Serial Dispatch Queue 中即可（在写入处理结束之前，读取处理不可执行）。

虽然利用 Dispatch Group 和 dispatch_set_target_queue 函数也可实现，但是源代码会很复杂。

GCD 为我们提供了更为聪明的解决方法——dispatch_barrier_async 函数。该函数同 dispatch_queue_create 函数生成的 Concurrent Dispatch Queue 一起使用。

首先 dispatch_queue_create 函数生成 Concurrent Dispatch Queue，在 dispatch_async 中追加读取处理。

```
dispatch_queue_t queue = dispatch_queue_create(
    "com.example.gcd.ForBarrier", DISPATCH_QUEUE_CONCURRENT);

dispatch_async(queue, blk0_for_reading);
dispatch_async(queue, blk1_for_reading);
dispatch_async(queue, blk2_for_reading);
dispatch_async(queue, blk3_for_reading);
dispatch_async(queue, blk4_for_reading);
dispatch_async(queue, blk5_for_reading);
dispatch_async(queue, blk6_for_reading);
dispatch_async(queue, blk7_for_reading);

dispatch_release(queue);
```

在 blk3_for_reading 处理和 blk4_for_reading 处理之间执行写入处理，并将写入的内容读取 blk4_for_reading 处理以及之后的处理中。

```
dispatch_async(queue, blk0_for_reading);
dispatch_async(queue, blk1_for_reading);
dispatch_async(queue, blk2_for_reading);
dispatch_async(queue, blk3_for_reading);

/*
 * 写入处理
 *
 * 将写入的内容读取之后的处理中
 */
dispatch_async(queue, blk4_for_reading);
dispatch_async(queue, blk5_for_reading);
dispatch_async(queue, blk6_for_reading);
dispatch_async(queue, blk7_for_reading);
```

如果像下面这样简单地在 dispatch_async 函数中加入写入处理，那么根据 Concurrent Dispatch Queue 的性质，就有可能在追加到写入处理前面的处理中读取到与期待不符的数据，还可能因非法访问导致应用程序异常结束。如果追加多个写入处理，则可能发生更多问题，比如数据竞争等。

```
dispatch_async(queue, blk0_for_reading);
dispatch_async(queue, blk1_for_reading);
```

```
dispatch_async(queue, blk2_for_reading);
dispatch_async(queue, blk3_for_reading);
dispatch_async(queue, blk_for_writing);
dispatch_async(queue, blk4_for_reading);
dispatch_async(queue, blk5_for_reading);
dispatch_async(queue, blk6_for_reading);
dispatch_async(queue, blk7_for_reading);
```

因此我们要使用 dispatch_barrier_async 函数。dispatch_barrier_async 函数会等待追加到 Concurrent Dispatch Queue 上的并行执行的处理全部结束之后，再将指定的处理追加到该 Concurrent Dispatch Queue 中。然后在由 dispatch_barrier_async 函数追加的处理执行完毕后，Concurrent Dispatch Queue 才恢复为一般的动作，追加到该 Concurrent Dispatch Queue 的处理又开始并行执行。

```
dispatch_async(queue, blk0_for_reading);
dispatch_async(queue, blk1_for_reading);
dispatch_async(queue, blk2_for_reading);
dispatch_async(queue, blk3_for_reading);
dispatch_barrier_async(queue, blk_for_writing);
dispatch_async(queue, blk4_for_reading);
dispatch_async(queue, blk5_for_reading);
dispatch_async(queue, blk6_for_reading);
dispatch_async(queue, blk7_for_reading);
```

如上所示，使用方法非常简单。仅使用 dispatch_barrier_async 函数代替 dispatch_async 函数即可。如图 3-13 所示。

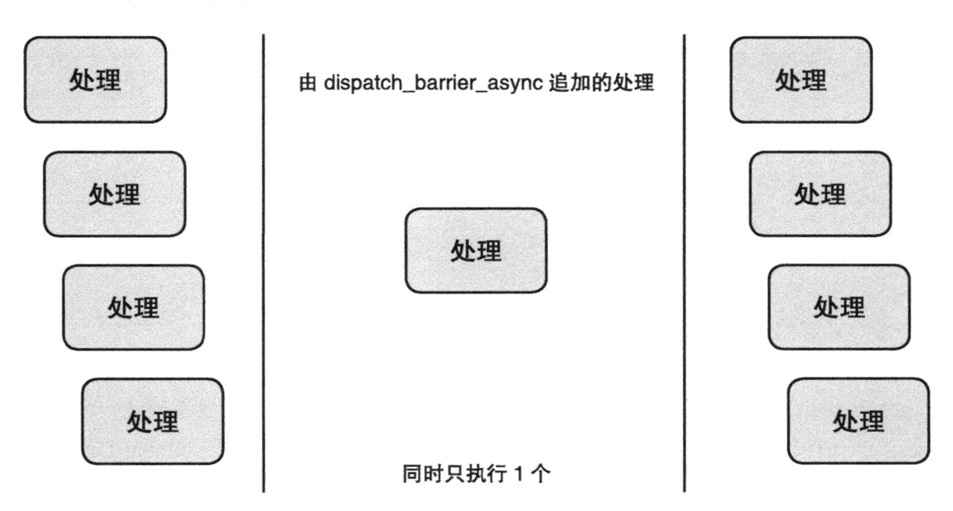

图 3-13　Dispatch_barrier_async 函数的处理流程

使用 Concurrent Dispatch Queue 和 dispatch_barrier_async 函数可实现高效率的数据库访问和文件访问。

3.2.8　dispatch_sync

dispatch_async 函数的“async”意味着“非同步”（asynchronous），就是将指定的 Block“非同步”地追加到指定的 Dispatch Queue 中。dispatch_async 函数不做任何等待。如图 3-14 所示。

图 3-14　Dispatch_async 函数的处理流程

既然有“async”，当然也就有“sync”，即 dispatch_sync 函数。它意味着“同步”（synchronous），也就是将指定的 Block“同步”追加到指定的 Dispatch Queue 中。在追加 Block 结束之前，dispatch_sync 函数会一直等待。如图 3-15 所示。

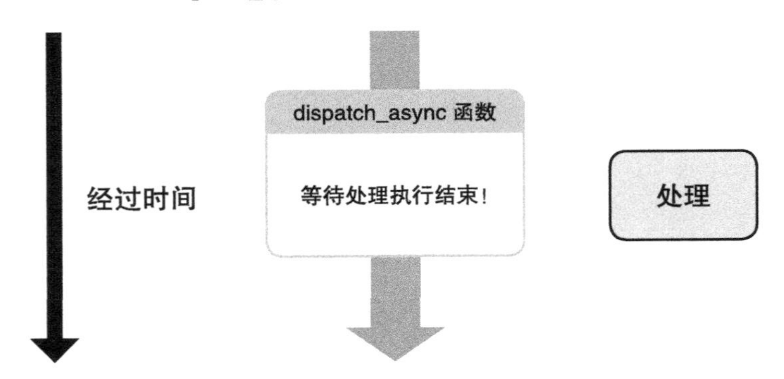

图 3-15　Dispatch_sync 函数的处理流程

如 dispatch_group_wait 函数说明所示（参考 3.2.6 节），“等待”意味着当前线程停止。

我们先假设这样一种情况：执行 Main Dispatch Queue 时，使用另外的线程 Global Dispatch Queue 进行处理，处理结束后立即使用所得到的结果。在这种情况下就要使用 dispatch_sync 函数。

```
dispatch_queue_t queue =
    dispatch_get_global_queue(DISPATCH_QUEUE_PRIORITY_DEFAULT, 0);

dispatch_sync(queue, ^{/* 处理 */});
```

一旦调用 dispatch_sync 函数，那么在指定的处理执行结束之前，该函数不会返回。dispatch_sync 函数可简化源代码，也可说是简易版的 dispatch_group_wait 函数。

正因为 dispatch_sync 函数使用简单，所以也容易引起问题，即死锁。

例如如果在主线程中执行以下源代码就会死锁。

```
dispatch_queue_t queue = dispatch_get_main_queue();
dispatch_sync(queue, ^{NSLog(@"Hello?");});
```

该源代码在 Main Dispatch Queue 即主线程中执行指定的 Block，并等待其执行结束。而其实在主线程中正在执行这些源代码，所以无法执行追加到 Main Dispatch Queue 的 Block。下面例子也一样。

```
dispatch_queue_t queue = dispatch_get_main_queue();
dispatch_async(queue, ^{
    dispatch_sync(queue, ^{NSLog(@"Hello?");});
});
```

Main Dispatch Queue 中执行的 Block 等待 Main Dispatch Queue 中要执行的 Block 执行结束。这样的死锁就像在画像上画画一样。

当然 Serial Dispatch Queue 也会引起相同的问题。

```
dispatch_queue_t queue =
    dispatch_queue_create("com.example.gcd.MySerialDispatchQueue", NULL);
dispatch_async(queue, ^{
    dispatch_sync(queue, ^{NSLog(@"Hello?");});
});
```

另外，由 dispatch_barrier_async 函数中含有 async 可推测出，相应的也有 dispatch_barrier_sync 函数。dispatch_barrier_async 函数的作用是在等待追加的处理全部执行结束后，再追加处理到 Dispatch Queue 中，此外，它还与 dispatch_sync 函数相同，会等待追加处理的执行结束。

在今后的编程中，大家最好在深思熟虑、想好希望达到的目的之后再使用 dispatch_sync 函数等同步等待处理执行的 API。因为使用这种 API 时，稍有不慎就会导致程序死锁，我想大家都不希望发生这种情况吧。

3.2.9 dispatch_apply

dispatch_apply 函数是 dispatch_sync 函数和 Dispatch Group 的关联 API。该函数按指定的次数将指定的 Block 追加到指定的 Dispatch Queue 中，并等待全部处理执行结束。

```
dispatch_queue_t queue =
    dispatch_get_global_queue(DISPATCH_QUEUE_PRIORITY_DEFAULT, 0);
dispatch_apply(10, queue, ^(size_t index) {
    NSLog(@"%zu", index);
```

```
});
NSLog(@"done");
```

例如，该源代码的执行结果为：

```
4
1
0
3
5
2
6
8
9
7
done
```

因为在 Global Dispatch Queue 中执行处理，所以各个处理的执行时间不定。但是输出结果中最后的 done 必定在最后的位置上。这是因为 dispatch_apply 函数会等待全部处理执行结束。

第一个参数为重复次数，第二个参数为追加对象的 Dispatch Queue，第三个参数为追加的处理。与到目前为止所出现的例子不同，第三个参数的 Block 为带有参数的 Block。这是为了按第一个参数重复追加 Block 并区分各个 Block 而使用。例如要对 NSArray 类对象的所有元素执行处理时，不必一个一个编写 for 循环部分。

我们来看一下下面的源代码。变量 array 为 NSArray 类对象。

```
dispatch_queue_t queue =
    dispatch_get_global_queue(DISPATCH_QUEUE_PRIORITY_DEFAULT, 0);
dispatch_apply([array count], queue, ^(size_t index) {
    NSLog(@"%zu: %@", index, [array objectAtIndex:index]);
});
```

这样可简单地在 Global Dispatch Queue 中对所有元素执行 Block。

另外，由于 dispatch_apply 函数也与 dispatch_sync 函数相同，会等待处理执行结束，因此推荐在 dispatch_async 函数中非同步地执行 dispatch_apply 函数。

```
dispatch_queue_t queue =
    dispatch_get_global_queue(DISPATCH_QUEUE_PRIORITY_DEFAULT, 0);

/*
 * 在Global Dispatch Queue中非同步执行
 */

dispatch_async(queue, ^{

    /*
     * Global Dispatch Queue
     * 等待dispatch_apply函数中全部处理执行结束
     */
```

```
    dispatch_apply([array count], queue, ^(size_t index) {

        /*
         * 并列处理包含在NSArray对象的全部对象
         */

        NSLog(@"%zu: %@", index, [array objectAtIndex:index]);

    });

    /*
     * dispatch_apply函数中的处理全部执行结束
     */

    /*
     * 在Main Dispatch Queue中非同步执行
     */

    dispatch_async(dispatch_get_main_queue(), ^{

        /*
         * 在Main Dispatch Queue中执行处理
         * 用户界面更新等
         */

        NSLog(@"done");

    });
});
```

3.2.10　dispatch_suspend / dispatch_resume

当追加大量处理到Dispatch Queue时，在追加处理的过程中，有时希望不执行已追加的处理。例如演算结果被Block截获时，一些处理会对这个演算结果造成影响。

在这种情况下，只要挂起Dispatch Queue即可。当可以执行时再恢复。

dispatch_suspend函数挂起指定的Dispatch Queue。

```
dispatch_suspend(queue);
```

dispatch_resume函数恢复指定的Dispatch Queue。

```
dispatch_resume(queue);
```

这些函数对已经执行的处理没有影响。挂起后，追加到Dispatch Queue中但尚未执行的处理在此之后停止执行。而恢复则使得这些处理能够继续执行。

3.2.11 Dispatch Semaphore

如前所述，当并行执行的处理更新数据时，会产生数据不一致的情况，有时应用程序还会异常结束。虽然使用 Serial Dispatch Queue 和 dispatch_barrier_async 函数可避免这类问题，但有必要进行更细粒度的排他控制。

我们来思考一下这种情况：不考虑顺序，将所有数据追加到 NSMutableArray 中。

```
dispatch_queue_t queue =
    dispatch_get_global_queue(DISPATCH_QUEUE_PRIORITY_DEFAULT, 0);

NSMutableArray *array = [[NSMutableArray alloc] init];

for (int i = 0; i < 100000; ++i) {
    dispatch_async(queue, ^{

        [array addObject:[NSNumber numberWithInt:i]];

    });
}
```

因为该源代码使用 Global Dispatch Queue 更新 NSMutableArray 类对象，所以执行后由内存错误导致应用程序异常结束的概率很高。此时应使用 Dispatch Semaphore。

Dispatch Semaphore 本来使用的是更细粒度的对象，不过本书还是使用该源代码对 Dispatch Semaphore 进行说明。

Dispatch Semaphore 是持有计数的信号，该计数是多线程编程中的计数类型信号。所谓信号，类似于过马路时常用的手旗。可以通过时举起手旗，不可通过时放下手旗。而在 Dispatch Semaphore 中，使用计数来实现该功能。计数为 0 时等待，计数为 1 或大于 1 时，减去 1 而不等待。

下面介绍一下使用方法。通过 dispatch_semaphore_create 函数生成 Dispatch Semaphore。

```
dispatch_semaphore_t semaphore = dispatch_semaphore_create(1);
```

参数表示计数的初始值。本例将计数值初始化为“1”。从函数名称中含有的 create 可以看出，该函数与 Dispatch Queue 和 Dispatch Group 一样，必须通过 dispatch_release 函数释放。当然，也可通过 dispatch_retain 函数持有。

```
dispatch_semaphore_wait(semaphore, DISPATCH_TIME_FOREVER);
```

dispatch_semaphore_wait 函数等待 Dispatch Semaphore 的计数值达到大于或等于 1。当计数值大于等于 1，或者在待机中计数值大于等于 1 时，对该计数进行减法并从 dispatch_semaphore_wait 函数返回。第二个参数与 dispatch_group_wait 函数等相同，由 dispatch_time_t 类型值指定等待时间。该例的参数意味着永久等待。另外，dispatch_semaphore_wait 函数的返回值也与 dispatch_group_wait 函数相同。可像以下源代码这样，通过返回值进行分支处理。

```
dispatch_time_t time = dispatch_time(DISPATCH_TIME_NOW, 1ull * NSEC_PER_SEC);

long result = dispatch_semaphore_wait(semaphore, time);

if (result == 0) {

    /*
     * 由于Dispatch Semaphore的计数值达到大于等于1
     * 或者在待机中的指定时间内
     * Dispatch Semaphore的计数值达到大于等于1
     * 所以Dispatch Semaphore的计数值减去1。
     *
     * 可执行需要进行排他控制的处理
     */

} else {

    /*
     * 由于Dispatch Semaphore的计数值为0
     * 因此在达到指定时间为止待机
     */
}
```

dispatch_semaphore_wait函数返回0时，可安全地执行需要进行排他控制的处理。该处理结束时通过dispatch_semaphore_signal函数将Dispatch Semaphore的计数值加1。

我们在前面的源代码中实际使用Dispatch Semaphore看看。

```
dispatch_queue_t queue =
    dispatch_get_global_queue(DISPATCH_QUEUE_PRIORITY_DEFAULT, 0);

/*
 * 生成Dispatch Semaphore。
 *
 * Dispatch Semaphore的计数初始值设定为“1”。
 *
 * 保证可访问NSMutableArray类对象的线程
 * 同时只能有1个。
 */

dispatch_semaphore_t semaphore = dispatch_semaphore_create(1);

NSMutableArray *array = [[NSMutableArray alloc] init];

for (int i = 0; i < 100000; ++i) {
    dispatch_async(queue, ^{

        /*
         * 等待Dispatch Semaphore。
         *
         * 一直等待，直到Dispatch Semaphore的计数值达到大于等于1。
         */

        dispatch_semaphore_wait(semaphore, DISPATCH_TIME_FOREVER);
```

```
        /*
         * 由于 Dispatch Semaphore 的计数值达到大于等于 1
         * 所以将 Dispatch Semaphore 的计数值减去 1,
         * dispatch_semaphore_wait 函数执行返回。
         *
         * 即执行到此时的
         * Dispatch Semaphore 的计数值恒为 "0"。
         *
         * 由于可访问 NSMutableArray 类对象的线程
         * 只有 1 个
         * 因此可安全地进行更新。
         */

        [array addObject:[NSNumber numberWithInt:i]];

        /*
         * 排他控制处理结束,
         * 所以通过 dispatch_semaphore_signal 函数
         * 将 Dispatch Semaphore 的计数值加 1。
         *
         * 如果有通过 dispatch_semaphore_wait 函数
         * 等待 Dispatch Semaphore 的计数值增加的线程,
         * 就由最先等待的线程执行。
         */

        dispatch_semaphore_signal(semaphore);

    });
}

/*
 * 如果使用结束,需要如以下这样
 * 释放 Dispatch Semaphore
 *
 * dispatch_release(semaphore);
 */
```

在没有 Serial Dispatch Queue 和 dispatch_barrier_async 函数那么大粒度且一部分处理需要进行排他控制的情况下，Dispatch Semaphore 便可发挥威力。

3.2.12　dispatch_once

dispatch_once 函数是保证在应用程序执行中只执行一次指定处理的 API。下面这种经常出现的用来进行初始化的源代码可通过 dispatch_once 函数简化。

```
static int initialized = NO;

if (initialized == NO)
{
```

```
        /*
         * 初始化
         */

        initialized = YES;
    }
```

如果使用 dispatch_once 函数，则源代码写为：

```
static dispatch_once_t pred;

dispatch_once ( &pred, ^{

    /*
     * 初始化
     */

} ) ;
```

源代码看起来没有太大的变化。但是通过 dispatch_once 函数，该源代码即使在多线程环境下执行，也可保证百分之百安全。

之前的源代码在大多数情况下也是安全的。但是在多核 CPU 中，在正在更新表示是否初始化的标志变量时读取，就有可能多次执行初始化处理。而用 dispatch_once 函数初始化就不必担心这样的问题。这就是所说的单例模式，在生成单例对象时使用。

3.2.13 Dispatch I/O

大家可能想过，在读取较大文件时，如果将文件分成合适的大小并使用 Global Dispatch Queue 并列读取的话，应该会比一般的读取速度快不少。现今的输入 / 输出硬件已经可以做到一次使用多个线程更快地并列读取了。能实现这一功能的就是 Dispatch I/O 和 Dispatch Data。

通过 Dispatch I/O 读写文件时，使用 Global Dispatch Queue 将 1 个文件按某个大小 read/write。

```
dispatch_async ( queue, ^{/* 读取     0 ~  8191 字节 */} ) ;
dispatch_async ( queue, ^{/* 读取  8192 ~ 16383 字节 */} ) ;
dispatch_async ( queue, ^{/* 读取 16384 ~ 24575 字节 */} ) ;
dispatch_async ( queue, ^{/* 读取 24576 ~ 32767 字节 */} ) ;
dispatch_async ( queue, ^{/* 读取 32768 ~ 40959 字节 */} ) ;
dispatch_async ( queue, ^{/* 读取 40960 ~ 49151 字节 */} ) ;
dispatch_async ( queue, ^{/* 读取 49152 ~ 57343 字节 */} ) ;
dispatch_async ( queue, ^{/* 读取 57344 ~ 65535 字节 */} ) ;
```

可像上面这样，将文件分割为一块一块地进行读取处理。分割读取的数据通过使用 Dispatch Data 可更为简单地进行结合和分割。

以下为苹果中使用 Dispatch I/O 和 Dispatch Data 的例子。

```
    pipe_q = dispatch_queue_create("PipeQ", NULL);
    pipe_channel = dispatch_io_create(DISPATCH_IO_STREAM, fd, pipe_q, ^(int err){
            close(fd);
    });

    *out_fd = fdpair[1];

    dispatch_io_set_low_water(pipe_channel, SIZE_MAX);

    dispatch_io_read(pipe_channel, 0, SIZE_MAX, pipe_q,
            ^(bool done, dispatch_data_t pipedata, int err){
        if (err == 0)
        {
            size_t len = dispatch_data_get_size(pipedata);
            if (len > 0)
            {
                const char *bytes = NULL;
                char *encoded;

                dispatch_data_t md = dispatch_data_create_map(
                    pipedata, (const void **)&bytes, &len);
                encoded = asl_core_encode_buffer(bytes, len);
                asl_set((aslmsg)merged_msg, ASL_KEY_AUX_DATA, encoded);
                free(encoded);
                _asl_send_message(NULL, merged_msg, -1, NULL);
                asl_msg_release(merged_msg);
                dispatch_release(md);
            }
        }

        if (done)
        {
            dispatch_semaphore_signal(sem);
            dispatch_release(pipe_channel);
            dispatch_release(pipe_q);
        }
    });
```

以上摘自 Apple System Log API 用的源代码（Libc-763.11 gen/asl.c）。dispatch_io_create 函数生成 Dispatch I/O，并指定发生错误时用来执行处理的 Block，以及执行该 Block 的 Dispatch Queue。dispatch_io_set_low_water 函数设定一次读取的大小（分割大小），dispatch_io_read 函数使用 Global Dispatch Queue 开始并列读取。每当各个分割的文件块读取结束时，将含有文件块数据的 Dispatch Data 传递给 dispatch_io_read 函数指定的读取结束时回调用的 Block。回调用的 Block 分析传递过来的 Dispatch Data 并进行结合处理。

如果想提高文件读取速度，可以尝试使用 Dispatch I/O。

3.3 GCD 实现

3.3.1 Dispatch Queue

GCD 的 Dispatch Queue 非常方便，那么它究竟是如何实现的呢？

- 用于管理追加的 Block 的 C 语言层实现的 FIFO 队列
- Atomic 函数中实现的用于排他控制的轻量级信号
- 用于管理线程的 C 语言层实现的一些容器

不难想象，GCD 的实现需要使用以上这些工具。但是，如果仅用这些内容便可实现，那么就不需要内核级的实现了[①]。

甚至有人会想，只要努力编写线程管理的代码，就根本用不到 GCD。真的是这样吗？

我们先来回顾一下苹果的官方说明。

通常，应用程序中编写的线程管理用的代码要在系统级实现。

实际上正如这句话所说，在系统级即 iOS 和 OS X 的核心 XNU 内核级上实现。

因此，无论编程人员如何努力编写管理线程的代码，在性能方面也不可能胜过 XNU 内核级所实现的 GCD。

使用 GCD 要比使用 pthreads 和 NSThread 这些一般的多线程编程 API 更好。并且，如果使用 GCD 就不必编写为操作线程反复出现的类似的源代码（这被称为固定源代码片断），而可以在线程中集中实现处理内容，真的是好处多多。我们尽量多使用 GCD 或者使用了 Cocoa 框架 GCD 的 NSOperationQueue 类等 API。

那么首先确认一下用于实现 Dispatch Queue 而使用的软件组件。如表 3-4 所示。

表 3-4　用于实现 Dispatch Queue 而使用的软件组件

组件名称	提供技术
libdispatch	Dispatch Queue
Libc（pthreads）	pthread_workqueue
XNU 内核	workqueue

编程人员所使用 GCD 的 API 全部为包含在 libdispatch 库中的 C 语言函数。Dispatch Queue 通过结构体和链表，被实现为 FIFO 队列。FIFO 队列管理是通过 dispatch_async 等函数所追加的 Block。

---

① 实际上在一般的 Linux 内核中可能使用面向 Linux 操作系统而移植的 GCD。
Portable libdispatch　　https://www.heily.com/trac/libdispatch。

Block 并不是直接加入 FIFO 队列，而是先加入 Dispatch Continuation 这一 dispatch_continuation_t 类型结构体中，然后再加入 FIFO 队列。该 Dispatch Continuation 用于记忆 Block 所属的 Dispatch Group 和其他一些信息，相当于一般常说的执行上下文。

Dispatch Queue 可通过 dispatch_set_target_queue 函数设定，可以设定执行该 Dispatch Queue 处理的 Dispatch Queue 为目标。该目标可像串珠子一样，设定多个连接在一起的 Dispatch Queue。但是在连接串的最后必须设定为 Main Dispatch Queue，或各种优先级的 Global Dispatch Queue，或是准备用于 Serial Dispatch Queue 的各种优先级的 Global Dispatch Queue。

Main Dispatch Queue 在 RunLoop 中执行 Block。这并不是令人耳目一新的技术。

Global Dispatch Queue 有如下 8 种。

- Global Dispatch Queue（High Priority）
- Global Dispatch Queue（Default Priority）
- Global Dispatch Queue（Low Priority）
- Global Dispatch Queue（Background Priority）
- Global Dispatch Queue（High Overcommit Priority）
- Global Dispatch Queue（Default Overcommit Priority）
- Global Dispatch Queue（Low Overcommit Priority）
- Global Dispatch Queue（Background Overcommit Priority）

优先级中附有 Overcommit 的 Global Dispatch Queue 使用在 Serial Dispatch Queue 中。如 Overcommit 这个名称所示，不管系统状态如何，都会强制生成线程的 Dispatch Queue。

这 8 种 Global Dispatch Queue 各使用 1 个 pthread_workqueue。GCD 初始化时，使用 pthread_workqueue_create_np 函数生成 pthread_workqueue。

pthread_workqueue 包含在 Libc 提供的 pthreads API 中。其使用 bsdthread_register 和 workq_open 系统调用，在初始化 XNU 内核的 workqueue 之后获取 workqueue 信息。

XNU 内核持有 4 种 workqueue。

- WORKQUEUE_HIGH_PRIOQUEUE
- WORKQUEUE_DEFAULT_PRIOQUEUE
- WORKQUEUE_LOW_PRIOQUEUE
- WORKQUEUE_BG_PRIOQUEUE

以上为 4 种执行优先级的 workqueue。该执行优先级与 Global Dispatch Queue 的 4 种执行优先级相同。

下面看一下 Dispatch Queue 中执行 Block 的过程。当在 Global Dispatch Queue 中执行 Block 时，libdispatch 从 Global Dispatch Queue 自身的 FIFO 队列中取出 Dispatch Continuation，调用 pthread_workqueue_additem_np 函数。将该 Global Dispatch Queue 自身、符合其优先级的 workqueue 信息以及为执行 Dispatch Continuation 的回调函数等传递给参数。

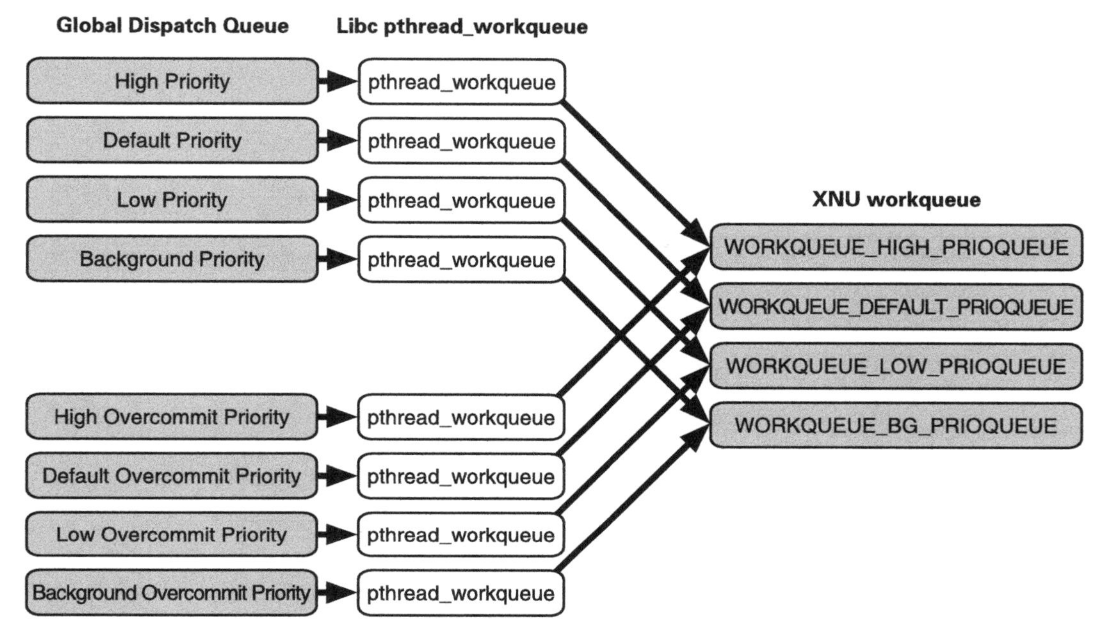

图 3-16　Global Dispatch Queue 与 pthread_workqueue、workqueue 的关系

pthread_workqueue_additem_np 函数使用 workq_kernreturn 系统调用，通知 workqueue 增加应当执行的项目。根据该通知，XNU 内核基于系统状态判断是否要生成线程。如果是 Overcommit 优先级的 Global Dispatch Queue，workqueue 则始终生成线程。

该线程虽然与 iOS 和 OS X 中通常使用的线程大致相同，但是有一部分 pthread API 不能使用。详细信息可参考苹果的官方文档《并列编程指南》的“与 POSIX 线程的互换性”一节。

另外，因为 workqueue 生成的线程在实现用于 workqueue 的线程计划表中运行，所以与一般线程的上下文切换不同。这里也隐藏着使用 GCD 的原因。

workqueue 的线程执行 pthread_workqueue 函数，该函数调用 libdispatch 的回调函数。在该回调函数中执行加入到 Dispatch Continuation 的 Block。

Block 执行结束后，进行通知 Dispatch Group 结束、释放 Dispatch Continuation 等处理，开始准备执行加入到 Global Dispatch Queue 中的下一个 Block。

以上就是 Dispatch Queue 执行的大概过程。

由此可知，在编程人员管理的线程中，想发挥出匹敌 GCD 的性能是不可能的。

3.3.2　Dispatch Source

GCD 中除了主要的 Dispatch Queue 外，还有不太引人注目的 Dispatch Source。它是 BSD 系内核惯有功能 kqueue 的包装。

kqueue 是在 XNU 内核中发生各种事件时，在应用程序编程方执行处理的技术。其 CPU 负荷非常小，尽量不占用资源。kqueue 可以说是应用程序处理 XNU 内核中发生的各种事件的方法中最优秀的一种。

Dispatch Source 可处理以下事件。如表 3-5 所示。

表 3-5　Dispatch Source 的种类

名称	内容
DISPATCH_SOURCE_TYPE_DATA_ADD	变量增加
DISPATCH_SOURCE_TYPE_DATA_OR	变量 OR
DISPATCH_SOURCE_TYPE_MACH_SEND	MACH 端口发送
DISPATCH_SOURCE_TYPE_MACH_RECV	MACH 端口接收
DISPATCH_SOURCE_TYPE_PROC	检测到与进程相关的事件
DISPATCH_SOURCE_TYPE_READ	可读取文件映像
DISPATCH_SOURCE_TYPE_SIGNAL	接收信号
DISPATCH_SOURCE_TYPE_TIMER	定时器
DISPATCH_SOURCE_TYPE_VNODE	文件系统有变更
DISPATCH_SOURCE_TYPE_WRITE	可写入文件映像

事件发生时，在指定的 Dispatch Queue 中可执行事件的处理。

下面我们使用 DISPATCH_SOURCE_TYPE_READ，异步读取文件映像。

```
__block size_t total = 0;
size_t size = 要读取的字节数
char *buff = (char *)malloc(size);

/*
 * 设定为异步映像
 */
fcntl(sockfd, F_SETFL, O_NONBLOCK);

/*
 * 获取用于追加事件处理的 Global Dispatch Queue
 */
dispatch_queue_t queue =
    dispatch_get_global_queue(DISPATCH_QUEUE_PRIORITY_DEFAULT, 0);

/*
 * 基于 READ 事件作成 Dispatch Source
 */
dispatch_source_t source =
    dispatch_source_create(DISPATCH_SOURCE_TYPE_READ, sockfd, 0, queue);

/*
 * 指定发生 READ 事件时执行的处理
 */
dispatch_source_set_event_handler(source, ^{
    /*
     * 获取可读取的字节数
     */
```

```
    size_t available = dispatch_source_get_data(source);

    /*
     * 从映像中读取
     */
    int length = read(sockfd, buff, available);

    /*
     * 发生错误时取消 Dispatch Source
     */
    if (length < 0) {
        /*
         * 错误处理
         */

        dispatch_source_cancel(source);
    }

    total += length;

    if (total == size) {

        /*
         * buff 的处理
         */

        /*
         * 处理结束，取消 Dispatch Source
         */
        dispatch_source_cancel(source);
    }
});

/*
 * 指定取消 Dispatch Source 时的处理
 */
dispatch_source_set_cancel_handler(source, ^{
    free(buff);
    close(sockfd);

    /*
     * 释放 Dispatch Source (自身)
     */
    dispatch_release(source);
});

/*
 * 启动 Dispatch Source
 */
dispatch_resume(source);
```

与上面源代码非常相似的代码，使用在了 Core Foundation 框架的用于异步网络的 API CFSocket 中。因为 Foundation 框架的异步网络 API 是通过 CFSocket 实现的，所以可享受到仅使用 Foundation 框架的 Dispatch Source（即 GCD）带来的好处。

最后给大家展示一个使用了 DISPATCH_SOURCE_TYPE_TIMER 的定时器的例子。在网络编程的通信超时等情况下可使用该例。

```
/*
 * 指定 DISPATCH_SOURCE_TYPE_TIMER，作成 Dispatch Source。
 *
 * 在定时器经过指定时间时设定 Main Dispatch Queue 为追加处理的 Dispatch Queue
 */
dispatch_source_t timer = dispatch_source_create(
    DISPATCH_SOURCE_TYPE_TIMER, 0, 0, dispatch_get_main_queue());

/*
 * 将定时器设定为 15 秒后。
 * 不指定为重复。
 * 允许迟延 1 秒。
 */
dispatch_source_set_timer(timer,
    dispatch_time(DISPATCH_TIME_NOW, 15ull * NSEC_PER_SEC),
        DISPATCH_TIME_FOREVER, 1ull * NSEC_PER_SEC);

/*
 * 指定定时器指定时间内执行的处理
 */
dispatch_source_set_event_handler(timer, ^{
    NSLog(@"wakeup!");

    /*
     * 取消 Dispatch Source
     */
    dispatch_source_cancel(timer);
});

/*
 * 指定取消 Dispatch Source 时的处理
 */
dispatch_source_set_cancel_handler(timer, ^{
    NSLog(@"canceled");

    /*
     * 释放 Dispatch Source（自身）
     */
    dispatch_release(timer);
});

/*
 * 启动 Dispatch Source
 */
dispatch_resume(timer);
```

看了异步读取文件映像用的源代码和这个定时器用的源代码后，有没有注意到什么呢？实际上 Dispatch Queue 没有“取消”这一概念。一旦将处理追加到 Dispatch Queue 中，就没有方法可将该处理去除，也没有方法可在执行中取消该处理。编程人员要么在处理中导入取消这一概念，要么放弃取消，或者使用 NSOperationQueue 等其他方法。

Dispatch Source 与 Dispatch Queue 不同，是可以取消的。而且取消时必须执行的处理可指定为回调用的 Block 形式。因此使用 Dispatch Source 实现 XNU 内核中发生的事件处理要比直接使用 kqueue 实现更为简单。在必须使用 kqueue 的情况下希望大家还是使用 Dispatch Source，它比较简单。

通过讲解，大家应该已经理解了主要的 Dispatch Queue 以及次要的 Dispatch Source 了吧。

附录A

ARC、Blocks、GCD 使用范例

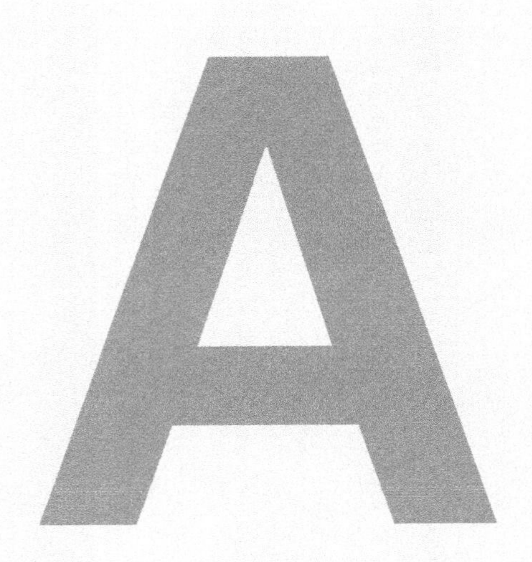

我们实际使用一下 ARC、Blocks 和 GCD。实现从指定的 URL 下载数据，在另外的线程中解析该数据并在主线程中使用其解析结果的源代码如下。代码中穿插了注释加以解说。

```
NSString *url = @ "http://images.apple.com/"
    "jp/iphone/features/includes/camera-gallery/03-20100607.jpg"

/*
 * 在主线程中，从指定的 URL
 * 开始异步网络下载
 */

[ASyncURLConnection request:url completeBlock:^(NSData *data) {

    dispatch_queue_t queue =
        dispatch_get_global_queue(DISPATCH_QUEUE_PRIORITY_DEFAULT, 0);
    dispatch_async(queue, ^{

        /*
         * 在 Global Dispatch Queue 中对下载的数据
         * 进行解析处理。
         * 不妨碍主线程可长时间处理
         */

        dispatch_async(dispatch_get_main_queue(), ^{

            /*
             * 在 Main Dispatch Queue 中使用解析结果。
             * 对用户界面进行反映处理
             */

        });

    });

} errorBlock:^(NSError *error) {

    /*
     * 发生错误
     */

    NSLog(@"error %@", error);

}];
```

为了不妨碍主线程的运行，在另外的线程中解析下载的数据。实现数据解析的就是通过 dispatch_get_global_queue 函数得到的一般优先级的 Global Dispatch Queue 和在 Global Dispatch Queue 中执行解析处理的 dispatch_async 函数。解析处理后为了反映到用户界面，需要在主线程中进行用户界面的更新。通过 dispatch_get_main_queue 函数得到的 Main Dispatch Queue 和在 Main Dispatch Queue 中使该处理执行的 dispatch_async 函数实现了此处理。

那么为了不妨碍主线程的运行，网络下载处理也是使用 GCD 的线程更好吗？答案是否定的。网络编程强烈推荐使用异步 API。请大家看一下 WWDC 2010 的以下两个议题。

- WWDC 2010 议题 207 – Network Apps for iPhone OS, Part 1
- WWDC 2010 议题 208 – Network Apps for iPhone OS, Part 2

这是关于网络编程的议题，对于网络编程可以断言“线程是魔鬼”（Threads Are Evil™）。如果在网络编程中使用线程，就很可能会产生大量使用线程的倾向，会引发很多问题。例如每个连接都使用线程，很快就会用尽线程栈内存等。因为 Cocoa 框架提供了用于异步网络通信的 API，所以在网络编程中不可使用线程。务必使用用于异步网络通信的 API。

前面源代码中使用的用于网络通信的类 ASyncURLConnection，将 Foundation 框架中用于异步通信的类 NSURLConnection 作为基类。下面我们来看看它的实现。

▼ ASyncURLConnection.h

```
#import <Foundation/Foundation.h>

/*
 * typedef Block 类型变量
 * 提高源代码的可读性
 */

typedef void (^completeBlock_t)(NSData *data);
typedef void (^errorBlock_t)(NSError *error);

@interface ASyncURLConnection : NSURLConnection
{

    /*
     * 由于 ARC 有效，所以以下的
     * 没有显式附加所有权修饰符的变量
     * 全部为附有 __strong 修饰符的变量。
     */

    NSMutableData *data_;
    completeBlock_t completeBlock_;
    errorBlock_t errorBlock_;
}

/*
 * 为提高源代码的可读性
 * 使用 typedef 的 Block 类型变量作为参数
 */

+ (id)request:(NSString *)requestUrl
    completeBlock:(completeBlock_t)completeBlock
    errorBlock:(errorBlock_t)errorBlock;

- (id)initWithRequest:(NSString *)requestUrl
    completeBlock:(completeBlock_t)completeBlock
    errorBlock:(errorBlock_t)errorBlock;

@end
```

▼ ASyncURLConnection.m

```
#import "ASyncURLConnection.h"

@implemention ASyncURLConnection

+ (id) request: (NSString *) requestUrl
    completeBlock: (completeBlock_t) completeBlock
    errorBlock: (errorBlock_t) errorBlock
{
    /*
     * ARC 无效时，
     * 如以下这样应当用 autorelease 类方法返回
     *
     * id obj = [[self alloc] initWithRequest:requestUrl
     *   completeBlock:completeBlock errorBlock:errorBlock];
     * return [obj autorelease];
     *
     * 因为此方法的方法名不是以 alloc/new/copy/mutableCopy
     * 开头的，
     * 所以 ARC 有效时，自动地返回
     * 注册到 autoreleasepool 中的对象
     */

    return [[self alloc] initWithRequest:requestUrl
        completeBlock:completeBlock errorBlock:errorBlock];
}

- (id) initWithRequest: (NSString *) requestUrl
    completeBlock: (completeBlock_t) completeBlock
    errorBlock: (errorBlock_t) errorBlock
{
    NSURL *url = [NSURL URLWithString:requestUrl];
    NSURLRequest *request = [NSURLRequest requestWithURL:url];

    if ((self = [super initWithRequest:request
            delegate:self startImmediately:NO])) {
        data_ = [[NSMutableData alloc] init];

        /*
         * 为了在之后的代码中安全地使用
         * 传递到此方法中的 Block，
         * 调用 copy 实例方法
         * 确保 Block
         * 被配置在堆上
         */
        completeBlock_ = [completeBlock copy];
        errorBlock_ = [errorBlock copy];

        [self start];
    }

    /*
     * 生成的 NSMutableData 类对象和
     * copy 的 Block 由附有 __strong 修饰符的成员变量
```

```
         * 强引用，处于被持有的状态。
         *
         * 因此如果该对象被废弃，
         * 附有 __strong 修饰符成员变量的强引用也随之失效，
         * NSMutableData 类对象和
         * Block 自动地释放。
         *
         * 由此 dealloc 实例方法
         * 不用显式实现
         */

        return self;
    }

    - (void) connection: (NSURLConnection *) connection
        didReceiveResponse: (NSURLResponse *) response
    {
        [data_ setLength:0];
    }

    - (void) connection: (NSURLConnection *) connection
        didReceiveData: (NSData *) data
    {
        [data_ appendData:data];
    }

    - (void) connectionDidFinishLoading: (NSURLConnection *) connection
    {

        /*
         * 下载成功时调用用于回调的 Block
         */

        completeBlock_(data_);
    }

    - (void) connection: (NSURLConnection *) connection
        didFailWithError: (NSError *) error
    {

        /*
         * 发生错误时调用用于回调的 Block
         */

        errorBlock_(error);
    }

    @end
```

NSURLConnection 类在下载结束时和发生错误时调用 delegate 指定对象的方法。ASyncURLConnection 类继承 NSURLConnection 类并能够指定 Block 下载结束时和发生错误时回调。这可使源代码更为简化。

另外赋值给该类成员变量中的用于下载数据的 NSMutableData 类对象和用于回调的 Block 由

ARC 进行适当的内存管理。使用附有 __strong 修饰符的成员变量，就不用显式地调用 retain 方法和 release 方法（ARC 本来也不可调用），另外也不用实现 dealloc 实例方法了。

通过如此简单的源代码，也可以充分地感受到 ARC、Blocks 以及 Grand Central Dispatch 的威力。

附录 B

参考资料

B.1 ARC 参考资料

Programming With ARC Release Notes

- http://developer.apple.com/library/mac/#releasenotes/ObjectiveC/RN-TransitioningToARC/Introduction/Introduction.html

这是苹果公司提供的，面向 OS X，iOS 应用程序编程人员的 ARC 编程指南。是了解 ARC 的首选读物。如果最开始读的是本书也没有关系 :-）在看过本书之后请务必读一读。

LLVM Document – Automatic Reference Counting

- http://clang.llvm.org/docs/AutomaticReferenceCounting.html

此书可以说是 ARC 的规范说明书。想确认关于 ARC 的规范时，首先查阅该文档。

Advanced Memory Management Programming Guide

- http://developer.apple.com/library/ios/documentation/Cocoa/Conceptual/MemoryMgmt/Articles/MemoryMgmt.html

苹果公司提供的关于内存管理的文档。详细说明了引用计数式的内存管理。

Getting Started:Building and Running Clang

- http://clang.llvm.org/get_started.html
- Subversion 保管场所 http://llvm.org/svn/llvm-project/cfe/trunk

获取用于 ARC 的编译器 clang（LLVM 编译器 3.0）的源代码的方法和该源代码的保管位置。例如以下源代码承担了实现 ARC 的一部分任务。

- llvm/tools/clang/lib/CodeGen/CGObjC.cpp
- llvm/tools/clang/lib/CodeGen/CGObjCMac.cpp

objc4 版本 493.9

- http://www.opensource.apple.com/source/objc4/objc4-493.9/

苹果公司提供的 Objective-C 运行时库的实现。其源代码可下载。Objective-C 运行时库的 API 的实现基于之前“LLVM Document-Automatic Reference Counting”中出现的库。

与 ARC 相关的 API 大多包含在以下文件中。

- runtime/objc-arr.mm

另外，用于实现 __weak 修饰符功能的 API 在以下文件中实现。

- runtime/objc-weak.mm

GNUstep libobjc2 版本 1.5

- http://gnustep.blogspot.com/2011/07/gnustep-objective-c-runtime-15-released.html
- http://thread.gmane.org/gmane.comp.lib.gnustep.general/36358
- http://svn.gna.org/viewcvs/gnustep/libs/libobjc2/1.5/

libobjc2 是 Objective-C 运行时库的实现，该运行时库用于通过 GNUstep 工程实现 ARC。相当于苹果公司的 Objective-C 运行时库的实现 objc4。

B.2 Blocks 参考资料

APPLE's EXTENSIONS TO C

- http://www.open-std.org/jtc1/sc22/wg14/www/docs/n1370.pdf

苹果公司实现的关于扩充 C 语言的概要文档。该文档研究 Blocks 的实现，并可参考已存在于 ARC 基本理论中的“__strong 修饰符”和“__weak 修饰符”的实现。

BLOCKS PROPOSAL, N1451

- http://www.open-std.org/jtc1/sc22/wg14/www/docs/n1451.pdf

对 C 语言规范“ISO/IEC 9899:1999（E）Programming Language-C（Second Edition)”，俗称 C99，追加 Blocks 的提案书。由苹果公司向制定 C 语言国际标准规范的组织 ISO C 标准规范委员会 JTC1/SC22/WG14 工作组提出。虽然该方案已经提出，但到现在仍未见到向 C 语言标准中追加 Blocks 的动向。

Blocks 提案

- http://www.open-std.org/jtc1/sc22/wg14/www/docs/n1457.pdf

在向 WG14 工作组提出 Blocks 方案时使用，是苹果公司的 Blocks 的介绍资料。适于把握 Blocks 的整体情况。

Language Specification for Blocks

- http://clang.llvm.org/docs/BlockLanguageSpec.html

包含在 LLVM 中的 Blocks 语言规范文档。与下面的“Block Implementation Specification”一

起理解，可实现支持 Blocks 的编译器和运行时库。想使编译器支持 Blocks 时，必读该文档。

Block Implementation Specification

- http://clang.llvm.org/docs/Block-ABI-Apple.html

包含在 LLVM 中的 Blocks 实现规范文档。存在支持 Blocks 的编译器而没有运行时库时，阅读理解该文档可解决问题。

libclosure 版本 53

- http://www.opensource.apple.com/source/libclosure/libclosure-53/

libclosure 为苹果公司提供的用于 Blocks 的运行时库。该库提供 Block_copy 函数和 Block_release 函数这些用于 Blocks 的 API。

plblocks

- http://code.google.com/p/plblocks/

该运行时库可以实现在不支持 Blocks 的操作系统用应用程序（如 Mac OS X 10.5 Snow Leopard 和 iOS 3.0 等）中也能使用 Blocks。旧操作系统的运行时库不包含 Block_copy 函数和 Block_release 函数。使用 plblocks 独立实现的库，可在旧操作系统上实现 Blocks。

B.3　Grand Central Dispatch 参考资料

libdispatch 版本 187.5

- http://www.opensource.apple.com/source/libdispatch/libdispatch-187.5/

libdispatch 提供 GCD 的 API。是苹果公司的库。该库实现了 Dispatch Queue 等。

Libc 版本 763.11

- http://www.opensource.apple.com/source/Libc/Libc-763.11/

实现了 GCD 中使用的 pthread_workqueue API。pthread_workqueue API 的相关源代码如以下所示：

- pthreads/pthread.c
- pthreads/pthread_workqueue.h

xnu 版本 1699.22.81

- http://www.opensource.apple.com/source/xnu/xnu-1699.22.81/

这是 Mac OS X 和 iOS 的核心 XNU 内核的源代码。以下源代码可确认 GCD 中使用的 XNU 内核的 workqueue 的实现。

- bsd/kern/pthread_synch.c
- osfmk/kern/thread.c

libdispatch 工程页面

- http://libdispatch.macosforge.org/

苹果公司提供的 libdispatch 开源工程页面。可查看 libdispatch 的邮件列表和向其他操作系统移植 libdispatch 的情况等。

libdispatch 移植工程

- https://www.heily.com/trac/libdispatch

进行 libdispatch 移植工程的页面。除了 Mac OS X 和 iOS 外，面向以下操作系统也发布了可编译的修正的 libdispatch。

- FreeBSD
- Linux
- Soralis
- Windows

在必须编写 Mac OS X 和 iOS 以外的系统使用的应用程序时，强烈推荐使用。

TURING
图灵教育
站在巨人的肩上
Standing on the Shoulders of Giants